中小河流洪水预报调度关键技术研究

钱镜林　著

中国水利水电出版社

www.waterpub.com.cn

·北京·

内 容 提 要

我国地形复杂，气候受季风影响显著，洪涝灾害频发。近年来，全球气候变暖、极端天气事件增多，进一步加大了中小河流防洪压力。准确及时的洪水预报有助于对汛情、灾情进行分析预判，可以为及时采取防洪抢险、逃避疏散等紧急行动决策提供技术支持，从而将灾害损失减小到最低程度。

本书针对水文过程在时间、空间尺度上的层次性导致的水文现象强烈非线性，研究了中小河流暴雨洪水时空分布规律，以及能表征降雨和洪水之间非线性特性的洪水预报模型；针对大部分中小河流水文历史资料缺乏，研究了中小河流少资料地区模型参数反演技术和无资料地区模型参数移植技术；针对中小河流上游水库群梯级开发，构建了考虑各水库间调节补偿作用、水力联系、约束条件和保护对象防洪风险的中小河流水库群优化调度和洪水演进模型。

本书成果在大中型水库洪水预报调度、洪水分期动态控制运用、山洪灾害防治等方面得到应用，取得了显著的经济效益和社会效益。可供高等院校水文学及水资源、水利工程等学科专业的教师和研究生参考阅读，同时也可作为水文管理、防洪应急决策、水利规划等部门工程技术人员的参考用书。

图书在版编目（CIP）数据

中小河流洪水预报调度关键技术研究 / 钱镜林著
. -- 北京 ：中国水利水电出版社，2023.6
ISBN 978-7-5226-1772-5

Ⅰ．①中… Ⅱ．①钱… Ⅲ．①河流－洪水预报系统②
河流－洪水调度 Ⅳ．①P338②TV872

中国国家版本馆CIP数据核字(2023)第162463号

书　名	中小河流洪水预报调度关键技术研究 ZHONG-XIAO HELIU HONGSHUI YUBAO DIAODU GUANJIAN JISHU YANJIU
作　者	钱镜林 著
出版发行	中国水利水电出版社 （北京市海淀区玉渊潭南路 1 号 D 座　100038） 网址：www.waterpub.com.cn E-mail：sales@mwr.gov.cn 电话：(010) 68545888（营销中心）
经　售	北京科水图书销售有限公司 电话：(010) 68545874、63202643 全国各地新华书店和相关出版物销售网点
排　版	中国水利水电出版社微机排版中心
印　刷	清淞永业（天津）印刷有限公司
规　格	170mm×240mm　16 开本　7 印张　108 千字
版　次	2023 年 6 月第 1 版　2023 年 6 月第 1 次印刷
定　价	48.00 元

前言

我国中小河流数量众多，覆盖了85%的城镇和广大农村地区，许多中小河流防洪标准仅为3～5年一遇，有的甚至没有设防。近年来，全球气候变暖、极端天气事件增多，局部强降雨造成中小河流突发性洪水频繁发生，进一步加大了防洪压力。准确及时的洪水预报有助于水库工程合理调度，使其发挥最大的蓄洪能力；可以为及时采取防洪抢险、逃避疏散等紧急行动决策提供技术支持，从而将灾害损失降到最低。

然而，目前中小河流洪水预报精度不高是面临的普遍问题，需要专门针对中小河流防洪特点解决一系列关键性难题，主要可归纳为以下几点：

（1）中小河流具有复杂多样的气候特征，各自具有时程分布规律明显的水文气象条件。此外，中小河流洪水诱因复杂、空间上受下垫面条件影响显著，洪水具有强度大、历时短、暴涨暴落的特性。水文过程在时间、空间尺度上的层次性导致水文现象强烈的非线性。因此，需要研究中小河流暴雨洪水时空分布规律，以及能表征降雨和洪水之间非线性特性的洪水预报模型。

（2）概念性模型将经验性公式与物理特征进行有机结合，在大江大河洪水预报实践中得到了广泛应用，且已达成一定的共识。然而，概念性模型参数需从众多的历史水文资料中反演得到，模型模拟的效果与模型参数准确程度息息相关。目前，大部分中小河流水文历史资料缺乏，多属于无资料、少资料地区。因此，作为洪水预报技术延伸，需要以概念性模型为对象，研究中小河流少资料地区模型参数反演技术和无资料地区模型参数移植技术。

（3）随着经济社会发展，中小河流上游水库群建设规模逐渐扩大，水库群调度需要充分考虑各水库间的调节补偿作用、水力联系、约束条件和保护对象的防洪风险。因此，需构建出符合实际的中小河流流域内水库群优化调度模型和洪水演进模型。

本书以浙江省中小河流为研究对象，在中小河流洪水预报模型、少无资料地区模型参数率定和移植、水库群优化调度、洪水演进等方面开展研究，取得了一系列创新成果，提升了中小河流洪水预报调度科技水平。

本书共分6章，第1章绪论，由钱镜林、严齐斌编写；第2章基于时程特性的洪水预报研究，由钱镜林、李倩编写；第3章基于空间特性的洪水预报研究，由钱镜林编写；第4章智能洪水预报技术研究，由钱镜林、李倩编写；第5章水库群防洪调度研究，由钱镜林、吴钢锋编写；第6章总结，由钱镜林编写。

本书中引入了大量研究实例，在此向为完成研究工作的所有成员，以及为本书出版付出辛勤劳动作出贡献的所有同仁表示衷心感谢。

本书在编写过程中，参考了大量的国内外文献资料，已尽可能在文中或参考文献中予以列出，但由于资料较多，疏漏之处在所难免，在此向所有文献作者表示衷心感谢。由于作者水平有限，书中不可避免存在不足或错误之处，恳请读者给予批评指正。

作者

2023 年 4 月

目录

第1章 绪　　论

1.1　研究背景

复杂性是水文系统的一个重要基本特征。水文系统的复杂性表现在以下几个方面[1]：

（1）系统组成要素的多层次和大规模。水文系统涉及气象、地理、生态等众多子系统，其中任何一个子系统又都包含众多要素和下一级子系统。如此逐次分解，形成了规模庞大的多层次结构。

（2）系统各要素之间或各子系统之间的关联形式多种多样，这种关联的复杂性表现在结构上是多种多样的非线性关系，表现在内容上是物质、能量和信息的交换。

（3）系统开放性导致系统演化的复杂性。作为开放的系统，系统环境的不断变化导致系统的不断演化，这种演化一方面表现为系统从一种相对平衡状态向另一种相对平衡状态转移，另一方面表现为系统功能、结构和目的变化。系统在演化过程中会出现复杂特有的现象，如路径相依、多重均衡、分岔、突变、锁定、复杂周期等。

（4）与人类活动的复杂性密切相关。人类社会本身是一个极其复杂的系统，人类活动对水文系统造成了显著的影响，从而表现为水文现象的复杂性。

科学研究在于推陈出新，在实际应用中得到实现。胡隐樵在分析比较"地球系统科学"和"自然控制论"的基础上引入了两个原理的哲学思考：

（1）和谐性原理和逻辑简单性原则。自然界是和谐的，自然之美和自然之简单是一致的，逻辑简单的东西当然不一定就是物理上真实的东西，但是物理上真实的东西一定是逻辑上简单的东西。

（2）原子论方法原理。原子论假说是一种科学思想，又是一种方法论思想，原子论方法是从次级层次上寻找原因的研究方法。

和谐性原理和原子论方法原理既是科学思想，又是科学研究方法论中的两个重要原理，它们本质上是对立而又统一的。和谐性原理反映了自然界的统一性与整体性，而原子论反映了自然界的结构性和层次性。胡隐樵认为，地学之所以发展较慢，原因之一是它本身的基本规律是非线性的，包含着无穷无尽的复杂行为。地球系统具有复杂的分级层次结构，高层次与低层次之间相互作用，这种作用也是非线性的。

水文学作为地球科学的一个分支学科，水文过程存在空间、时间尺度上的层次性[2]。新安江模型和空间差异的下渗容量模型采用了仅含一个参数的抛物线型，反映流域土壤蓄水容量或下渗容量的空间分布状况，实质上就是用一种参数化方法来表达流域水文非线性过程，体现了逻辑简单性原则。从这方面来讲，无论是流域水文模型、降雨和蒸散发的面均估计、遥感资料的解译、全球气候模式中陆面参数化，还是无资料地区洪水预测，都会遇到此类问题。陆面水文过程的描述尺度可以按层次区分为水动力学尺度、山坡尺度和流域尺度。在土块、土柱或水槽实验中建立的水动力学理论，主要适用于微观尺度单一水体的现象。对完整的山坡水文过程，地形特征起着重要的作用，使山坡的总响应不同于单个土块响应的叠加。流域层次也是如此，用动力学方程积分来寻求控制流域水文的物理规律，并不一定成功，而直接在流域尺度上观察，寻找规律，进行模拟，有可能相当简单清晰。自然界中事物的尺度不是任意的，自然现象的规律性存在于有限个相差较大的离散尺度层次上，广义的尺度科学问题就是识别这种层次，找出每个层次上的主导物理规律[3]。水文过程在空间、时间尺度上的层次性导致了水文现象强烈的非线性[4-5]。

防洪是关系国计民生的大事，决策正确与否意义重大。为实现防洪决策目标、掌握防洪形势的发展变化，要实时接收处理水、雨、工情等防汛信息，根据实时信息对模型进行校正，以帮助决策者迅速、灵活、智能地制订出各种可行方案，使决策者能准确及时地采取有效措施，在保证工程安全的前提下，充分发挥防洪工程效益，尽可能减少洪灾损失。

为实现防洪决策目标、掌握防洪形势的发展变化，在当前大数据时代，可以充分利用水利大数据的实时性、容量大和真实性的特点，从如下方面开展研究：

（1）结合气象、水文等大数据特征，充分挖掘数据内部规律，揭示暴雨洪水时程分布规律及特性，实现洪水按时程特征分类，在此基础上建立相应的分时段洪水预报模型，增强洪水预报模型对具有明显时程分布特征洪水的适应能力。

（2）研究模型在产流过程中根据不同下垫面条件自适应性；结合流域下垫面地理特征数据，研究汇流模型参数与其之间的函数关系，实现汇流模型参数地区综合以实现无资料地区洪水预报，不断增强洪水预报模型在空间分布上的适应能力。

（3）研究模型智慧化能力。重点研究人工神经网络技术在挖掘中的应用；研究洪水预报模型自反馈能力，根据模型预报误差对模型参数进行反馈校正，从而提高模型的预报精度；研究新安江模型参数自动优化率定技术，增强模型参数求解过程的稳定性和全局性。

1.2　国内外研究现状

1.2.1　暴雨洪水规律分析

研究形成暴雨的天气系统及暴雨、洪水本身的季节性变化特性，定性地寻找时程分布规律，通常以汛期分期作为主要研究手段。我国气象部门在进行"汛期"的起讫时间划分中，将多年平均的年降水量均匀地分配于年内 36 个旬，其每旬降水量称为平均每旬降水量，在连续两旬或两旬以上的时段内，每旬的多年平均降水量大于或等于平均每旬降水量的 1.5 倍时称为汛期[6]。

20 世纪 80 年代，相关机构对我国东部地区汛期分期设计洪水研究工作进行了初步总结，该项总结从两个方面加以归纳：一是汛期分期洪水的气象分析，通过对汛期降水和暴雨特征的统计分析，以及对大气环流的季节演变与暴雨关系的成因分析，为汛期分期提供成因依据；二是分析汛期的洪水特性，通过汛期内洪水的峰、量散布图考虑工程运用的要求，对洪水分期作出划分，进而进行分期设计洪水的计算。

早期学者在水库调度中的汛期分期研究包含了两方面的内容：一是气候成因分析，具体分析了各种天气系统的变化过程；二是水文统计分析，具体分析了单站多年旬平均雨量、多年旬平均流量、七日最大降水量的时程分布、历年最大洪峰流量出现过程。最后基于以上两个方面的综合分析，提出水库汛期分期方案。

上述汛期分期思路经过不断总结和完善，逐渐形成了两类分析方法：成因分析法和数理统计法。成因分析法[7] 利用造成流域暴雨洪水的天气系统、大气环流系统等季节性运动规律来分析流域"汛期"或"主汛期"的确切含义，该方法物理概念明确、结果合理，因而被普遍采用。与成因分析法不同，数理统计法是利用实测历史流量（雨量）资料，选择统计指标，分析指标在年内（或汛期）的变化规律，最后通过数理统计理论得出汛期的变化规律。相对于成因分析法，数理统计法简单明了，但其对特性指标、频率标准的选择明显带有主观性，因而影响了分期结果的客观性。成因分析法和数理统计法都是定性分析方法，具有共同的不足，即对于如何分期缺乏科学的数学计算依据，分期带有不确定性。

水库控制流域的汛期分期问题从数学角度来分析，其实质上是一个试验样本的聚类分析问题。目前，已有不少学者在这些方面做了大量的研究工作，并提出了相应的分析方法。按照美国 L. A. Zadeh 提出的模糊集合论，1988 年陈守煜首次提出了描述汛期的模糊集合论，认为汛期属于模糊概念，可以作为一年时间论域的一个模糊子集。陈守煜总结出模糊集合分析方法[8]：首先利用模糊统计分析法求出时间对汛期的隶属频率，当试验次数不断增大至隶属频率呈现稳定性时，用隶属频率替代汛期隶属度，得到以时间为自变量的经验隶属函数，然后利用参数法拟合隶属函数曲线，最后通过选用适当的阈值，完成对汛期分期。

近几年来，随着对水文现象认识的加深以及对汛期分期数学本质的理解，学者们在借鉴数理统计、几何学等领域相关研究方法和成果的基础上，提出了一些新的定量分期方法，主要包括变点分析法、系统聚类法、矢量统计法、相对频率法和分形法等。

变点分析法是基于统计理论，用于检测时间序列突变，同时可以进行假设检验的划分时间序列的方法。该法结论合理，划分汛期可精确到日，并且在一定程度上更为客观、可靠。但是分析需要较长的实测径流、雨量资料，对资料的质量及数量要求较高。

系统聚类法是目前国内外在进行聚类分析中使用较多的一种方法[9]。这种方法的基本思想是：先将 n 个样本各自看成一类，然后规定样本之间的距离和类与类之间的距离；然后选择距离最小的一对并成一个新类，计算新类和其他类的距离；再将距离最小的两类合并，这样每次减少一类，直至所有的样本都成为一类为止。

矢量统计法[9-10] 是把每场洪水的发生日期看作一个矢量，根据各个矢量之间的方向相似性来判断分割点，即作为汛期分期点。该方法优点是比较直观，划分汛期可精确到日，缺点在于其应用具有一定的限制性，对相似矢量聚集的情况比较适用，而对于相同矢量累计的情况则分期效果不明显。

相对频率法[10-11] 根据实际需要与应用方便，按照月（或旬）统计时段内发生洪水的频率，通过分析整个时段内发生频率的变化特征，得到汛期的分期方式。

洪峰散点序列年内分布等水文现象，从统计意义上来说，每年中一定时期内，洪水的发生具有较相似的机制，也就是说，其点据系列具有确定性与相似性、随机性与非线性，与分形理论研究的对象一致，故可应用分形理论研究洪水分期。侯玉等[12] 研究得出在一年中一定时期内，洪水的发生具有较相似的机制，以此作为分形理论应用于洪水（汛期）分期的初步依据。提出了应用分形理论划分洪水分期的方法，并以雅砻江小得石站洪水分期为实例，验证了洪水洪峰点据的分形是客观存在的。分形理论进行洪水分期的方法，给出了按时间尺度容量维和空间尺度相似维计算相应分维数的具体算法，无论是用容量维数算法还是用相似维数算法，划分的洪水分期一致，且与经验统计方法划分的洪水分期一致。

从整个发展过程来看，对汛期分期的研究是一个从定性分析向定量方法应用的转变过程，也是一个从主观性认识向客观性分析的转变过程。合理划定分期，应对设计流域洪水季节性变化规律进行深入的分析[13]。由于"汛期"变化规律有确定性、随机性和过渡性的特征，在今后汛期分期实践中，应根据我国季风气候的特点，从环流形势天气系统的季节变化入手，定性方法与定量方法结合，综合分析，以建立一套完善的汛期分期理论和方法。

1.2.2　洪水预报研究

合理科学的汛期划分是建立分类预报模型的基础，在此基础上建立对应时段的预报模型也是提高洪水预报精度关键的一步。从目前研究来看，分类预报的实质即是对于不同的洪水类型匹配不同模型参数，提高模型与实际洪水过程的相似性。传统的预报方法采用一种模型，对流域内所有洪水进行率定，获得参数，然而这组参数只能反映有关影响因素对流域径流形成过程的平均作用，不能充分体现不同主导因素影响形成的洪水过程。

众所周知，暴雨是产生洪水的主要原因，不同暴雨类型产生的洪水特性必然存在差异，这种情况下仍然采用同一组参数来模拟预流域内所有洪水，势必会导致无法准确反映降雨径流关系，不能保证预报精度。因此，分类预报模型的建立对提高预报精度有其必要性。

目前，分类预报的研究即选择不同的洪水特征因子对历史洪水进行聚类分析，并根据分类结果调试并采用对应类型的参数进行模拟预报，研究范围主要集中在聚类方法[14-17]及提取洪水特征因子等方面，研究成果表明，分类预报的理念在提高预报精度方面已略显成效。本书总结归纳上述研究后认为：

（1）洪水特征因子的选择是进行科学合理的洪水分类的关键，如何选取能恰当且全面地反映洪水特性的特征因子是聚类分析的基础，从目前研究看来，特征因子的选择片面性、主观性及随意性较强，一套完善的特征因子选择体系尚未形成。

（2）聚类数是聚类分析中一个重要参数，也是聚类分析研究的热点之一。聚类数的选择不当会使聚类结果与数据集的真正结构不符，导致聚类效果不佳。在洪水聚类分析研究中，聚类数的选择应对实际流域历史洪水的类型加以考虑，不能完全局限于统计分析的数学结果。

（3）在洪水聚类分析的结果基础上，应对同类的洪水及不同类别的洪水进行成因分析，从暴雨成因、雨型、前期土湿、洪峰流量等各方面去评价衡量分类结果的有效性，以提高聚类结果与实际洪水类型之间的吻合度。

除去分类洪水预报以外，实时校正技术也是提供洪水预报精度的一种有效途径。传统的实时校正技术研究，主要着眼于校正方法和校正内容的改进，前者从简单的自回归模型到复杂的卡尔曼滤波技术，后者则从模型误差到模型参数、输入误差等。对于实时洪水预报系统，产生误差的原因很多，影响误差的机理非常复杂，模型计算实时误差系列虽然包含了所有的误差信息，但由于能区分利用的信息量太小，不足以达到校正模型参数、输入误差等目的。因此，实时校正信息利用量的扩大和利用技术的改进，是实时洪水预报校正技术的关键[18-19]。

近年来，混沌理论已逐步渗透到降雨、径流、洪涝、（湖、库）水量、地下水、水质以及降雨-径流分析等多个方面。混沌理论具有两个代表性观点：①混沌是类似随机性的非周期行为，它可以由确定性产生；②非线性问题将被视为非线性问题而不是作为简单线性问题加以处理。这两个观点的提出对于面临复杂水文现象的科技工作者来说，无疑是一种巨大的鼓舞，因为大多数水文问题，均是由诸如气象、地理、人类活动等客观因素支配的，其运动特征具有确定性一面，又具有随机性一面，而应用混沌理论，将能打破以往单一的确定性分析或随机性分析方法，建立将两者统一起来的混沌分析法，使水文研究有所突破。

要将混沌理论应用于水文预测中，首先就需判别水文系统的运动形式是否为混沌运动，即进行混沌性识别或序列性质鉴别，然后才可借助于水文序列的相空间，并应用混沌分析方法。2001 年，Sivakumar等[20] 在对瑞典 Gota 流域的月降雨、月径流序列混沌识别的基础上，对月降雨-径流过程（用径流系数序列作为参数）混沌分析，结果表明三者都具有混沌动力特性；2001 年，Sivakumar[21] 对降雨系统的尺度（分形）问题进行了研究，发现 4 个不同时间尺度（1d、2d、4d 和 8d）的降雨序列均存在混沌现象。

在国内，20 世纪 90 年代以后开始探讨将混沌理论用于洪水分析的可能性，并且指出洪水过程可能是混沌的。2002 年，Zhou 等[22] 利用功率谱法和关联维数法，对淮河流域近 500 年来的洪涝变化进行了分析，结果表明洪涝时间序列存在着混沌特征。

对于某一水文时间序列，当利用混沌识别方法判定是混沌的或是以混沌成分为主后，即可采用混沌方法进行预测。2005 年，Joseph 等[23] 对混沌时间序列的最大可预报时间长度进行了研究，比较了非线性方法（人工神经网络）和线性方法（Kalman、ARMA）的预报效果，发现前者精度更高。2005 年，钱镜林等[24] 提出了基于混沌理论的 Volterra 洪水预报模型，并利用自组织法求解 Volterra 级数滤波器，提高了洪水预报效率和精度。综上所述，洪水序列具有混沌特性已得到多方研究的证明，那么作为洪水预报的误差部分也将具有混沌现象。因此就可以利用混沌理论对其进行预测，从而对模型预报结果进行实时校正。

1.2.3 水库调度

洪水预报理论及技术的发展，使洪水预报预见期及预报精度都有了一定的提高，为依据洪水预报信息的水库实时预报优化调度发展和水库防洪预报调度方式设计提供了前提。

1972 年，Janison 和 Wickson 以预报洪水作为输入，以发电量最大为目标，用动态规划原理选择一次洪水调度最优方案。20 世纪 80 年代以后，国外在大河流上普遍应用高新技术进行流域防洪调度，建立了较为完整的遥感遥测系统，形成了以计算机网络为核心的洪水预报、预警、优化调度的统一系统。在理论和模型研究方面，美国学者 Wasimi S A 研究应用离散线性二次最优控制方法寻求水库系统的运行策略，由于该模型在洪水预报和水库调度等方面都进行了较多简化，应用效果不太理想。同年，Yazigirl H 等为 Green River Basinu 应用线性规划，建立了一个水电系统汛期实时调度模型，其基本思想就是根据不断更新的洪水预报信息，应用该模型进行决策。20 世纪 90 年代以来，欧美等发达国家竞相开展防洪决策支持系统研究和开发，但目前仍处于针对系统开发中的关键技术进行探索。2002 年，Tilmant 等[25] 在获得稳定的径流预报基础上应用随机动态规划法求解水库优化调度决策。2007 年，Hsu 等[26] 研究了针对水库台风型洪水的实时优化调度模型，该模型包括产流预报、汇流预报及最优规则制定三部分，取得了满意的效果。

由于我国江河湖泊众多、洪涝灾害频繁，历史上在江河防洪方面进行过大量的实践。随着改革开放，计算机技术的高速发展，在消化吸收国外先进技术的同时，防洪调度理论方面的研究工作也得到了长足的发展。以武汉大学、河海大学、大连理工大学等为代表的高等院校，都有较为突出的研究成果，主要表现在水文预报与洪水调度密切结合，建立了水文信息采集、传输、预报方案备选、调度方案生成等较完备的自动化系统[27]。

我国最早于 1983 年提出 "水电站水库洪水优化控制模型"，以预报洪水过程和概率可能洪水两部分为输入，应用动态规划原理，以一次洪水发电量最大为目标选择最优调度方案。1985 年，建立 "丹江口水库防洪优化调度模型"，采用线性规划法进行模拟调度和进行预报洪水实时调度，最优控制汉江中、下游洪水。1987 年，提出以分洪量和防洪库容最小为目标进行实时预报调度，对整个系统进行防洪、兴利、风险的多目标分析，建立了防洪系统联合运行的动态规划模型。20 世纪 90 年代以来，多目标洪水模糊优选调度模型，分阶段、分层次地判断洪水量级的调度决策模型，运用大系统分解协调理论及贝尔曼的逐步逼近思想求解的基于预报及库容补偿的水库群防洪补偿联合调度逐次渐进协调模型相继问世[28-31]。

实践证明，利用实时洪水预报信息的优化调度方法有效增加了洪水资源的利用率，发挥了水库防洪兴利的综合效益。然而，上述的实时预报优化调度方法的防洪安全约束参数及其规则仍是不考虑预报的常规调度方式设计成果，限制了水库实时调度综合效益的发挥且与实时调度利用信息不协调。

水库防洪预报调度方式是既考虑利用有限历史样本资料中的最不利典型洪水和实际水位流量信息，又充分利用水雨情自动测报预报系统可能提供的各种信息，包括实际降雨、预报洪水及其预报误差等信息的调度设计方法[32]。由水库防洪预报调度方式确定的规则及防洪安全约束参数需要能与实时预报优化调度方法利用信息相协调。由于自动测报遥测系统提供的信息早于实际的水库水位、入库流量信息，增长了防洪预见期，能够达到提前均匀泄流，需要防洪库容较小的效果，应用预报信息设计的调洪规则，既能保证防洪安全，又能提高洪水资源利用率。依据洪水预报信息制定预报调度规则可以采用反演模拟法，即推求与各种设计频率洪水过程相应的暴雨径流（净雨深）过程，在满足设计防洪安全约束下，选用预报的"累积净雨"或"入库流量"为指标，设计出相应的水库防洪特征水位值。其基本假定是：若反演模拟的某种暴雨径流（净雨深）过程重现，则相应频率的设计洪水过程重演，此时依据设计的汛限水位和预报调度规则调节洪水，能够满足设计的防洪安全要求[33]。

依据降雨、洪水等预报信息制定水库防洪预报调度规则指导水库实时调度的研究开始于20世纪80年代末至90年代初。1988年，大伙房水库与大连理工大学联合研究"应用降雨二级分辨预报、洪水总量预报信息的预报调度方式"为运行多年、需要进行复核设计的水库做了新的尝试[34]。随后，我国北方一些水库相继设计和实施了防洪预报调度方式。如清河、柴河等水库应用"累积净雨量及实际入流量"作判断指标，汛限水位提高了1.0～2.0m，在满足原设计防洪目标的前提下增加了水能或洪水资源利用量。系统地论述了水库汛限水位动态控制的理论与方法，对实施水库汛限水位动态控制的基本条件、应用防洪预报调度方式确定汛限水位动态控制上限值、实施水库防洪预报调度方式的风险计算等问题进行了详细的阐述。

目前看来，水库预报调度方式通常是以累积净雨量作为并判断洪水量级的指标[35]，但是也有其他观点表明以累积净雨总量作为控制的水库防洪调度，由于没有考虑雨强的影响，产生小频率洪水调洪最高库水位比大频率洪水调洪最高库水位要低的情况，这也是采用累积净雨量判别水库调度的不足之处。

水库防洪预报调度方式已成为指导各大水库增加洪水资源利用率，

发挥水库防洪兴利综合效益的重要依据，实践证明它比常规调度方式设计有较大改进。然而在规则设计及实时调度中，还存在问题。防洪预报调度方式虽然依据的是降雨、洪水等预报信息，能有效增长洪水预见期，在实时调度中能更好地调节利用洪水，然而在规则设计阶段典型洪水选择制定调度规则时，仅选择一种典型洪水制定一套调度规则，没有考虑各类型洪水过程特点，因此难以适应各种类型洪水的防洪、兴利要求，其适应性较差。随着科学技术的发展和气象预报水平的提高，水库调度实时阶段面临的水文气象信息可利用性不断增加，如何充分利用气象洪水预报信息，也是防洪预报调度方式亟待解决的问题。因此，在确保水库及下游防洪安全的前提下，研究科学合理的、可操作的、与可利用信息相协调匹配的调度方式及规则是水库防洪调度方式发展的关键问题。

第2章　基于时程特性的洪水预报研究

2.1　汛期分期研究

2.1.1　暴雨洪水时程分布规律研究

2.1.1.1　定量描述及特性

1. 定量描述

从数学角度分析，暴雨洪水时程分布规律研究实质是一个时间样本序列的聚类分析，通常以汛期分期作为主要研究手段，汛期分期的定量描述如下：

以汛期作为论域 X，汛期内时段 t 为研究对象，表示为 $X_t = X_1$，X_2，$\cdots$，X_n，抽取描述对象特性的 m 个指标（降雨、径流等），假设对象 X_i 的第 $k(k=1,2,\cdots,m)$ 个指标的特征值为 x_{ik}，则 X_i 可用这 m 个指标特征值来表示，记为 $X_i = (x_{i1}, x_{i2}, \cdots, x_{im})(i=1,2,\cdots,n)$。按照聚类的原则，将所有对象 X_t 划分为 k 类，对应的时段子集即为汛期的各个分期。

2. 汛期分期的特性

汛期分期作为一种聚类分析，还具有如下一些固有的特性：

（1）影响因子多，汛期分期受天气系统、地表下垫面等综合因素的影响，反映在流域面上不仅有降水量，还有地表径流量等，应该综合多个指标进行分析。

（2）水文系列一般具有较强的时序性，汛期分期不能破坏水文系列样本的时间连续性。

（3）汛期分期除了要解决如何分期，还应给出最优分期数的判别标准，以解决分几期最优的问题。

2.1.1.2　常用研究方法

1. 气象界雨季起讫定量评定方法

为了从定量的角度界定雨季和汛期的起止时期，我国气象部门定义了一个反映旬降水量变化的相对系数作为度量指标，即

$$C_R = R/\overline{R} \tag{2.1}$$

式中：C_R 为反映旬降水量变化的相对系数；R 为年内某旬的多年平均降水量；$\overline{R}$ 为年内平均每旬降水量，即为多年平均降水量均匀分摊到年内每个旬，各旬应有的降水量。

当连续两旬或者两旬以上的时段内，每旬的多年平均降水量不小于年内平均每旬降水量，即 $C_R \geqslant 1$，称为雨季；每旬的多年平均降水量不小于平均每旬降水量的 1.5 倍，即 $C_R \geqslant 1.5$，称为汛期。

2. Fisher 最优分割法

Fisher 最优分割法是对有序样本进行分类的一种统计方法。该法作为一种传统的线性分类方法，已经在农业区划、气象统计预报、地震周期预报、工业产品检测和医学分析等许多方面得到了成功的应用。该方法用来分类的依据是样本的离差平方和最小，而进行分割的原则是使得各段（类）内部样本之间差异最小，而各段（类）之间的差异最大。具体过程如下：

对于 n 个有序样本，采用 m 个指标描述样本特性，特征值为 x_1，x_2，…，x_n（每个是 m 维向量）。假定某一分类为 x_i，x_{i+1}，…，$x_j(j > i)$，其均值向量及直径为

$$\overline{x}_{ij} = \frac{1}{j-i+1} \sum_{l=i}^{j} x_l \tag{2.2}$$

$$D(i,j) = \sum_{l=i}^{j} (x_l - \overline{x}_{ij})'(x_l - \overline{x}_{ij}) \tag{2.3}$$

直径公式含义表示该分类内部差异情况，直径越大，差异越大。

若将 n 个有序样本分成 k 类，某一分法为

$$P(n,k): [i_1, i_1+1, \cdots, i_2-1], [i_2, i_2+1, \cdots, i_3-1], \cdots, [i_k, i_k+1, \cdots, n] \tag{2.4}$$

其中，$1 = i_1 < i_2 < \cdots < i_k \leqslant n$。

定义该方法的误差函数为

$$e[P(n,k)] = \sum_{j=1}^{k} D(i_j, i_{j+1} - 1) \tag{2.5}$$

当 n 和 k 固定时，$e[P(n,k)]$ 越小，表示各类的直径和越小，分类就越合理。寻求到 $e[P(n,k)]$ 的最小值 $e[P^*(n,k)]$ 后，通过绘制 $e[P^*(n,k)] \sim k$ 相关曲线，从曲线拐点处的 k 值确定最优分类数。

3. 分形法

1973 年，美国 IBM 公司研究中心 Mandelbrot 在法兰西学院讲课时首次提出了分维和分形几何的设想，并在 1977 年正式创立了分形理论。分形几何学的基本思想是：客观事物具有自相似的层次结构，局部与整体在形态、功能、信息、时间、空间等方面具有统计意义上的相似性，称为自相似性。Mandelbrot 提出：部分与整体以某种形式相似的形，即为分形。

分析水文过程，不论其影响因素有多复杂，跟其他自然现象一样，都具有非线性和相似性等分形特性，故可以利用分形理论研究汛期或洪水分期。分形的定量化方法即为分维，容量维数是其中最常用的分维数。

容量维数的定义是以包覆作为基础的。假定要考虑的图形是 n 维欧式空间 R^n 中的有界集合，用半径为 ε 的 d 维球包覆其集合时，取得 $N(\varepsilon)$ 是球的个数的最小值，则容量维数 D_c 可定义为

$$D_c = \lim_{\varepsilon \to 0} \frac{\ln N(\varepsilon)}{\ln 1/\varepsilon} \tag{2.6}$$

根据容量维的定义，可以推求水文系列点据关于时间系列的容量维数。具体过程如下：取水文过程点据系列 $X_1, X_2, \cdots, X_n$，根据其时间跨度，确定总时段长 T。取定能反映某一洪水分期的样本固定值 Y_T，以某一时段长 ε 作为时间尺度，量度样本值超过 Y_T 的时段数 $N(\varepsilon)$，并计算相对度量值 $NN(\varepsilon) = N(\varepsilon)/NT$，其中 $NT = N/\varepsilon$。绘制 $\ln NN(\varepsilon) - \ln \varepsilon$ 相关线，确定所存在的直线段，求直线的斜率 b，计算时段长 T 的样本分形的容量维数 $D_c = 2 - b$。重复上述步骤，得出不同时

段 T 的容量维数 D_c。若 D_c 在某一时段 T 左右基本相等，则这个 T 时段即为分形法确定的一个分期。

2.1.2 实例研究

浙江省在空间上大致分为梅雨主控区、台风雨主控区和梅雨台风雨兼容区，选择分别位于梅雨主控区、台风雨主控区和梅雨台风雨兼容区内的三座水库作为实例开展研究。

2.1.2.1 梅雨主控区——以峡口水库为例

1. 基本概况

峡口水库位于江山港上游，水库大坝坐落在江山市峡口镇峡东村，水库坝址集水面积为 $399.3km^2$，主流长为 $46.8km$，河道比降为 $6.37‰$。峡口水库是以灌溉、防洪、发电为主要功能的中型水库，总库容达 4680 万 m^3。

选取峡口水库流域多年降雨量作为统计分析汛期暴雨时程分布规律的基本资料，雨量资料测站选择白水坑、峡口、东坑、岩坑口、保安、双溪口、大平头和岭头 8 个雨量站，各站逐年逐日加权平均后，作为流域面雨量资料。

对水库流域内白水坑、峡口、东坑、岩坑口、保安、双溪口、大平头和岭头 8 个雨量站实测雨量资料进行最大 1 日雨量、最大 3 日雨量和最大 7 日雨量统计（表 2.1），各站最大 1 日雨量基本由 1994 年 17 号台风暴雨所致，而最大 3 日雨量和最大 7 日雨量基本由梅雨暴雨所致。

表 2.1　　　　　　　　　　实 测 点 大 暴 雨

站名	最大 1 日雨量		最大 3 日雨量		最大 7 日雨量	
	雨量/mm	发生日期	雨量/mm	发生日期	雨量/mm	发生日期
白水坑	173.6	1994 - 08 - 21	268.2	1997 - 07 - 08	505.9	1998 - 06 - 16
峡口	277.6	1994 - 08 - 21	291.8	1994 - 08 - 21	458.2	1998 - 06 - 16
东坑	240.2	1994 - 08 - 21	273.0	1974 - 08 - 19	413.8	1994 - 06 - 10
岩坑口	147.7	1994 - 08 - 21	247.6	1976 - 06 - 01	431.0	1994 - 06 - 10
保安	211.5	1994 - 08 - 21	259.0	1997 - 07 - 08	528.0	1998 - 06 - 16

续表

站名	最大 1 日雨量		最大 3 日雨量		最大 7 日雨量	
	雨量/mm	发生日期	雨量/mm	发生日期	雨量/mm	发生日期
双溪口	187.5	1994 - 08 - 21	296.4	1997 - 07 - 08	468.5	1998 - 06 - 16
大平头	267.2	1994 - 08 - 21	289.9	1998 - 06 - 16	566.3	1998 - 06 - 16
岭头	188.3	1997 - 07 - 08	414.5	1997 - 07 - 08	640.0	1998 - 06 - 16

　　根据峡口水库 1965—2009 年多年面雨量资料，按每半个月进行统计，得到峡口水库流域多年平均面雨量见表 2.2。

表 2.2　　　　　　　　　　多年平均时段面雨量统计

时间	4 月上	4 月下	5 月上	5 月下	6 月上	6 月下	7 月上
平均雨量/mm	126.1	125.95	131.69	136.78	166.38	219.2	116.58
时间	7 月下	8 月上	8 月下	9 月上	9 月下	10 月上	
平均雨量/mm	86.52	81.75	90.98	63.42	41.88	31.6	

　　从图 2.1 可以看出，峡口水库汛期面雨量分布呈现明显的单峰形态，峰值出现在 6 月的下半月。

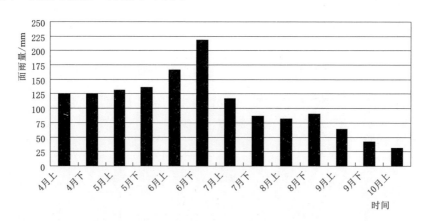

图 2.1　峡口水库多年平均面雨量分布

　　2. 定量方法细化分期

　　（1）气象界雨季起讫定量评定方法。依据气象部门关于反映旬降水量变化的相对系数的定义，利用峡口水库控制流域 4 月上半月至 10 月上半月的降雨资料统计得到各半月降水量变化相对系数的时程分布，见表2.3。峡口水库存在一个时期长且特征非常明显的汛期，即4—6月，相对系数 C_R 均大于1.5。7—10月，相对系数均小于1.5，没有出现具有汛期特征的时期。

表 2.3 半月平均降雨量相对系数

时 间	相对系数 C_R	时 间	相对系数 C_R
4 月上	1.54	7 月下	1.06
4 月下	1.54	8 月上	1.00
5 月上	1.61	8 月下	1.11
5 月下	1.67	9 月上	0.77
6 月上	2.03	9 月下	0.51
6 月下	2.68	10 月上	0.39
7 月上	1.42		

（2）分形法分析。以峡口水库多年逐日最大雨量过程为样本序列，以每半个月为计算区间，以分形维数相差不大（一般取5%）为一类，以相差较大的时段为起始点，计算下一类。通过计算，得到峡口水库多年日最大雨量过程分形维见表2.4～表2.7。

表 2.4 峡口水库多年日最大雨量过程分形维 （一）

开始日期	终止日期	分形维	相对差/%
4 月 15 日	4 月 30 日	1.4887	
4 月 15 日	5 月 15 日	1.4999	0.75
4 月 15 日	5 月 31 日	1.4809	1.27
4 月 15 日	6 月 15 日	1.5165	2.40
4 月 15 日	6 月 30 日	1.5686	3.44
4 月 15 日	7 月 15 日	1.6466	4.97
4 月 15 日	7 月 31 日	1.503	8.72

表 2.5　　　　　　　　峡口水库多年日最大雨量过程分形维（二）

开始日期	终止日期	分形维	相对差/%
7 月 16 日	7 月 31 日	1.2896	
7 月 16 日	8 月 15 日	1.3810	7.09
7 月 16 日	8 月 31 日	1.3127	4.95
7 月 16 日	9 月 15 日	1.3964	6.38
7 月 16 日	9 月 30 日	1.4036	0.52
7 月 16 日	10 月 15 日	1.4328	2.08

表 2.6　　　　　　　　峡口水库多年日最大雨量过程分形维（三）

开始日期	终止日期	分形维	相对差/%
8 月 1 日	8 月 15 日	1.4261	
8 月 1 日	8 月 31 日	1.3728	3.74
8 月 1 日	9 月 15 日	1.3595	0.97
8 月 1 日	9 月 30 日	1.3454	1.04
8 月 1 日	10 月 15 日	1.4178	5.38

表 2.7　　　　　　　　峡口水库多年日最大雨量过程分形维（四）

开始日期	终止日期	分形维	相对差/%
10 月 1 日	10 月 15 日	1.4399	

根据计算得到的分形维，以 5% 为相邻两期的分形维相对差控制界限，根据表 2.4～表 2.7 的计算结果，可以大致将汛期分为如下几个阶段：

第一阶段：4 月 15 日至 7 月 15 日。

第二阶段：7 月 16 日至 7 月 31 日。

第三阶段：8 月 1 日至 9 月 30 日。

第四阶段：10 月 1 日至 10 月 15 日。

（3）Fisher 最优法分析。Fisher 最优法进行汛期洪水分期研究考虑多因子的影响，因此选择反映水库控制流域的暴雨洪水变化特性的 5 个因子：旬平均雨量、暴雨日数（日雨量超过 50mm 暴雨标准的降雨日数）、旬最大 1 日雨量、旬最大 3 日雨量、旬最大 7 日雨量。

构建有序样本 $x_1, x_2, \cdots, x_{13}$（13 为样本容量，且本个样本为 5 维向量），样本因子特征值见表 2.8。

表 2.8   样 本 特 征 因 子 值

时　间	平均雨量 /mm	暴雨日数	最大 1 日雨量 /mm	最大 3 日雨量 /mm	最大 7 日雨量 /mm
4 月上	126.1	2.5	37.26	61.41	91.53
4 月下	125.95	2.8	40.00	60.70	86.96
5 月上	131.69	3.4	40.66	62.05	93.07
5 月下	136.78	4.9	46.73	68.75	97.53
6 月上	166.38	8.7	59.77	95.46	130.66
6 月下	219.2	9.8	63.91	109.03	160.64
7 月上	116.58	4.1	38.00	68.64	95.74
7 月下	86.52	2.0	30.26	47.45	64.47
8 月上	81.75	2.0	31.59	48.01	62.71
8 月下	90.98	2.4	36.82	52.95	69.73
9 月上	63.42	1.6	26.84	37.80	49.22
9 月下	41.88	1.0	22.46	30.23	35.96
10 月上	31.6	0.4	17.69	24.31	28.30

通过分类计算，可建立 $e[P^*(n,k)]$ 与 k 的相关曲线。从表 2.8 和图 2.3 可以看出，最小目标函数 $e[P^*(n,k)]$ 是随 k 值单调递减的。从图 2.3 可以看出在 4 处存在明显拐点，之后目标函数值基本趋于平缓，即 k 值增大其意义已不明显。其次通过计算比值 $\beta(k)=e[P^*(n,k-1)]/e[P^*(n,k)]$，建立 $\beta(k) \sim k$ 的关系曲线。当 $\beta(k)$ 值比较大时，就说明分成 k 类要比分成 $k-1$ 类好，且 $\beta(k)>1$，当 $\beta(k)$ 接近 1 时，分成 k 类就不再有较大意义。通过 $\beta(k) \sim k$ 曲线，取极大值对应的 k 值作为最优分类数。

如图 2.2 所示，可取 $k=5$ 为最优 k 值，将汛期划分为以下五个阶段：

第一阶段：4 月 1 日至 5 月 31 日。

第二阶段：6 月 1 日至 6 月 30 日。

第三阶段：7 月 1 日至 7 月 15 日。

第四阶段：7 月 16 日至 9 月 15 日。

第五阶段：9 月 16 日至 10 月 15 日。

表 2.9　　　　　　　　　$e[P^*(n,k)]$ 与 k 的关系

k	$e[P^*(n,k)]$	分　类　结　果
2	25.62	(1　2　3　4　5　6　7)(8　9　10　11　12　13)
3	15.41	(1　2　3　4)(5　6　7)(8　9　10　11　12　13)
4	7.00	(1　2　3　4)(5　6)(7)(8　9　10　11　12　13)
5	3.04	(1　2　3　4)(5　6)(7)(8　9　10　11)(12　13)
6	1.89	(1　2　3　4)(5)(6)(7)(8　9　10　11)(12　13)
7	1.16	(1　2　3)(4)(5)(6)(7)(8　9　10　11)(12　13)
8	0.49	(1　2　3)(4)(5)(6)(7)(8　9　10)(11)(12　13)
9	0.29	(1　2　3)(4)(5)(6)(7)(8　9)(10)(11)(12　13)
10	0.13	(1　2　3)(4)(5)(6)(7)(8　9)(10)(11)(12)(13)
11	0.05	(1　2)(3)(4)(5)(6)(7)(8　9)(10)(11)(12)(13)
12	0.01	(1)(2)(3)(4)(5)(6)(7)(8　9)(10)(11)(12)(13)

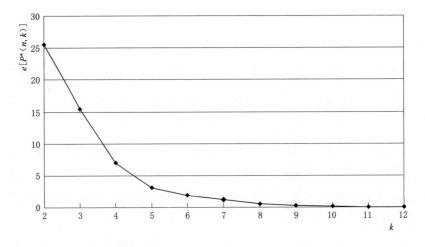

图 2.2　$e[P^*(n,k)]$ 与 k 的关系曲线

（4）汛期分期划分方案。综合上述定性分析及定量方法计算，雨季起讫法计算结果表明在 4 月 15 日至 7 月 15 日之间峡口水库存在特征明显的主汛期；将 Fisher 最优法前三类合并，起讫时间与雨季起讫法相吻合，且综合考虑峡口水库属于典型的梅雨主控区，春季雨水已开始偏多，常会出现高水位迎汛，进入汛期雨量又持续偏多，将峡口水库梅汛期起止时间定为 4 月 15 日至 7 月 15 日，期间严格控制水库水位，避免出现高水位迎汛。其他分期结果采用较为合理的 Fisher 最优法，因此峡口水库汛期细分为三个分期：

梅汛期：4 月 15 日至 7 月 15 日。

台汛期：7 月 16 日至 9 月 15 日。

台汛后期：9 月 16 日至 10 月 15 日。

2.1.2.2 台风雨主控区——以亭下水库为例

1. 基本概况

亭下水库位于浙江省宁波市奉化区境内，甬江流域奉化江干流剡江上游，是一座以防洪、灌溉为主，结合发电、供水等综合利用的大（2）型水库，是奉化江流域三大骨干工程之一。水库坝址位于溪口镇上游 7km 处，流域面积为 176km²，主流长度为 34.6km，河道比降为 8.13‰。

2. 统计分析

选取亭下水库流域多年降雨量作为统计分析汛期暴雨时程分布规律的基本资料，雨量资料测站选择亭下、东岙、苓家彦、六诏、栖霞坑、葛竹石门 6 个雨量站。

根据亭下水库 1961—2007 年多年面雨量资料，按每半个月进行统计，统计出亭下水库流域多年平均面雨量见表 2.10。

表 2.10　　　　　　　　平 均 面 雨 量 统 计

时　间	4月上	4月下	5月上	5月下	6月上	6月下	7月上
平均雨量/mm	63.99	64.05	76.98	68.79	87.42	132.73	94.16
时　间	7月下	8月上	8月下	9月上	9月下	10月上	
平均雨量/mm	83.52	99.25	146.89	150.55	91.26	67.26	

从图 2.3 可以看出，亭下水库面雨量分布如下：

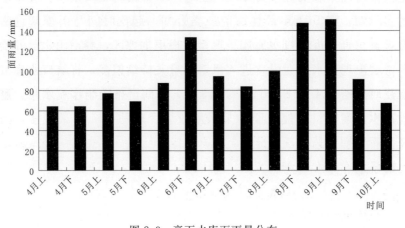

图 2.3　亭下水库面雨量分布

（1）雨量主要集中在 6 月下和 8 月下至 9 月上，仅 45 天的时间降雨量超过整个汛期降雨量的 35％，8 月下至 9 月上的降雨量均高于 6 月下的降雨量。

（2）4—5 月暴雨日数较少，降雨量也相对较少。

3．定量方法细化分期

（1）气象界雨季起讫定量评定方法。依据气象部门关于反映旬降水量变化的相对系数的定义，利用亭下水库控制流域 4 月上至 10 月上的降雨资料统计得到各半月降水量变化相对系数的时程分布，见表 2.11。

表 2.11　　　　　　　　　半月平均降雨量相对系数

时　间	相对系数 C_R	时　间	相对系数 C_R
4 月下	1.01	7 月下	1.32
5 月上	1.22	8 月上	1.57
5 月下	1.09	8 月下	2.33
6 月上	1.38	9 月上	2.38
6 月下	2.10	9 月下	1.45
7 月上	1.49	10 月上	1.07

　　根据气象部门关于汛期的定义，亭下水库只存在一个特征明显的汛期，即 8 月上半月至 9 月上半月；而 6 月下半月至 7 月上半月，7 月上半月 C_R 仅为 1.49，这一阶段汛期阶段并不明显，但是亭下水库汛期方案中对该阶段如何界定仍需综合考虑暴雨时程分布特征及暴雨天气成因。

　　（2）分形方法。以亭下水库多年日最大雨量过程为样本序列，以每半个月为计算区间，以分形维数相差不大（一般取 5%）为一类，以相差较大的时段为起始点，计算下一类。通过计算，得到亭下水库多年日最大雨量过程分形维见表 2.12～表 2.15。

表 2.12　　亭下水库多年日最大雨量过程分形维（一）

开始日期	终止日期	分形维	相对差/%
4 月 15 日	4 月 30 日	1.3970	
4 月 15 日	5 月 15 日	1.4302	2.32
4 月 15 日	5 月 31 日	1.4177	0.88
4 月 15 日	6 月 15 日	1.4712	3.64
4 月 15 日	6 月 30 日	1.4955	1.62
4 月 15 日	7 月 15 日	1.5636	4.36
4 月 15 日	7 月 31 日	1.4513	7.74

表 2.13　　亭下水库多年日最大雨量过程分形维（二）

开始日期	终止日期	分形维	相对差/%
7 月 16 日	7 月 31 日	1.2455	
7 月 16 日	8 月 15 日	1.4509	14.16
7 月 16 日	8 月 31 日	1.3830	4.91

表 2.14　　亭下水库多年日最大雨量过程分形维（三）

开始日期	终止日期	分形维	相对差/%
8 月 1 日	8 月 15 日	1.4213	
8 月 1 日	8 月 31 日	1.3704	3.71

续表

开始日期	终止日期	分形维	相对差/%
8 月 1 日	9 月 15 日	1.4166	3.26
8 月 1 日	9 月 30 日	1.2909	9.74
8 月 1 日	10 月 15 日	1.4652	11.90

表 2.15　　　　　　亭下水库多年日最大雨量过程分形维（四）

开始日期	终止日期	分形维	相对差/%
9 月 16 日	9 月 30 日	1.4066	
9 月 16 日	10 月 15 日	1.4328	1.9

根据计算得到的分形维，以 5% 为相邻两期的分形维相对差控制界限，根据表 2.12～表 2.15 的计算结果，可以大致将汛期分为如下几个阶段：

第一阶段：4 月 15 日至 7 月 15 日。

第二阶段：7 月 16 日至 7 月 31 日。

第三阶段：8 月 1 日至 9 月 15 日。

第四阶段：9 月 16 日至 10 月 15 日。

（3）Fisher 最优方法。Fisher 最优法进行汛期洪水分期研究考虑多因子的影响，因此选择反映水库控制流域的暴雨洪水变化特性的 5 个因子：旬平均雨量、暴雨日数（日雨量超过 50mm 暴雨标准的降雨日数）、旬最大 1 日雨量、旬最大 3 日雨量、旬最大 7 日雨量。构建有序样本 $x_1, x_2, \cdots, x_{13}$（13 为样本容量，且本个样本为 5 维向量），样本因子特征值见表 2.16。

表 2.16　　　　　　　　　　样 本 特 征 因 子 值

时间	平均雨量/mm	暴雨日数	最大 1 日雨量/mm	最大 3 日雨量/mm	最大 7 日雨量/mm
4 月上	63.99	2	19.70	29.95	40.62
4 月下	64.05	2	19.79	27.73	38.84
5 月上	76.98	4	23.65	32.49	44.24

时间	平均雨量 /mm	暴雨日数	最大1日雨量 /mm	最大3日雨量 /mm	最大7日雨量 /mm
5月下	68.79	8	25.97	35.88	45.98
6月上	87.42	13	33.26	46.08	58.24
6月下	132.73	26	45.23	68.68	91.24
7月上	94.16	18	34.09	57.67	73.54
7月下	83.52	18	36.54	52.68	65.99
8月上	99.25	22	22.31	53.20	64.67
8月下	146.89	31	62.82	92.95	116.86
9月上	150.55	33	58.50	87.62	105.76
9月下	91.26	18	41.06	60.43	72.54
10月上	67.26	10	27.94	44.22	51.37

通过分类计算，可建立 $e[P^*(n,k)]$ 与 k 的相关曲线。从表2.17和图2.9可以看出，最小目标函数 $e[P^*(n,k)]$ 是随 k 值单调递减的。从图2.9可以看出在4处存在明显拐点，之后目标函数值基本趋于平缓，即 k 值增大其意义已不明显。其次通过计算比值 $\beta(k)=e[P^*(n,k-1)]/e[P^*(n,k)]$，建立 $\beta(k)\sim k$ 的关系曲线。通过 $\beta(k)\sim k$ 曲线，取极大值对应的 k 值作为最优分类数。如图2.4所示，可取 $k=5$ 为最优 k 值，将汛期划分为如下几个阶段：

表 2.17 $e[P^*(n,k)]$ 与 k 的关系

k	$e[P^*(n,k)]$	分 类 结 果
2	31.42	(1 2 3 4)(5 6 7 8 9 10 11 12 13)
3	24.18	(1 2 3 4)(5 6 7 8 9 10 11)(12 13)
4	15.18	(1 2 3 4)(5 6 7 8)(9 10 11)(12 13)
5	7.29	(1 2 3 4)(5 6 7)(8)(9 10 11)(12 13)
6	3.88	(1 2 3 4)(5 6 7)(8)(9 10 11)(12)(13)

续表

k	$e[P^*(n,k)]$	分　类　结　果
7	1.76	(1　2　3　4)(5)(6　7)(8)(9　10　11)(12)(13)
8	0.98	(1　2　3　4)(5)(6　7)(8)(9)(10　11)(12)(13)
9	0.51	(1　2)(3　4)(5)(6　7)(8)(9)(10　11)(12)(13)
10	0.3	(1　2)(3　4)(5)(6　7)(8)(9)(10)(11)(12)(13)
11	0.15	(1　2)(3　4)(5)(6)(7)(8)(9)(10)(11)(12)(13)
12	0.01	(1　2)(3)(4)(5)(6)(7)(8)(9)(10)(11)(12)(13)

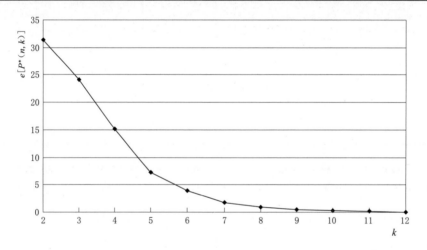

图 2.4　$e[P^*(n,k)]$ 与 k 的关系曲线

第一阶段：4 月 1 日至 5 月 31 日。

第二阶段：6 月 1 日至 7 月 15 日。

第三阶段：7 月 16 日至 7 月 31 日。

第四阶段：8 月 1 日至 9 月 15 日。

第五阶段：9 月 16 日至 10 月 15 日。

4. 汛期分期划分方案

综合上述定性分析及定量方法计算，雨季起讫法相对系数 C_R 表明亭下水库存在一个汛期，即 8 月 1 日至 9 月 15 日；分形法通过对分形维计算将汛期划分为四个阶段：4 月 15 日至 7 月 15 日，7 月 16 日至 7 月 31 日，8 月 1 日至 9 月 15 日，9 月 16 日至 10 月 15 日；Fisher 最优算法，建议水库汛期划分为 5 类，分期结果将分形法的第一阶段划分为 4 月 15 日至 5 月 31 日和 6 月 1 日至 7 月 15 日外，其余划分均与分形法和雨季起讫法的主汛期起止时间吻合。综合考虑亭下水库梅汛期是暴雨频率及降雨特征，建议采纳分形法计算结果。

亭下水库汛期细分为四个分期：

梅汛期：4 月 15 日至 7 月 15 日。

梅台过渡期：7 月 16 日至 7 月 31 日。

台汛期：8 月 1 日至 9 月 15 日。

台汛后期：9 月 16 日至 10 月 15 日。

需要特别指出的是，全球变暖趋势日益加剧，极端天气频发，对于类似亭下水库的位于台风雨主控区的水库，关注传统主汛期 7—9 月的同时，在 9 月底至 10 月 15 日这类传统意义上不容易发生暴雨过程的时间段，应密切关注天气系统的变化，一旦可能出现多个天气系统的叠加活动或者是热带气旋异常活动路径影响到浙东地区，应立即采取预泄措施及时预泄水库水量。

2.1.2.3 梅雨台风雨兼容区——以青山水库为例

1. 基本概况

青山水库位于杭州市西郊临安区境内，东苕溪主干流南苕溪上。青山水库坝址以上流域面积为 603km²，河长为 47.48km，河道平均坡降为 0.615%；坝址到余杭区间面积为 127.5km²，河长为 20km，河道平均坡降为 0.057%。

青山水库总库容为 2.13 亿 m³，是一座以防洪为主，兼有灌溉、供水、发电等功能于一体的综合利用大型水利枢纽。青山水库担负着东苕溪上游错峰蓄洪的重任，其主要防护对象为杭嘉湖东部平原，包括省会杭州市钱塘江北岸地区。

2. 暴雨时程分布统计特征

选取青山水库流域多年降雨量作为统计分析汛期暴雨时程分布规律的基本资料，雨量资料测站选择临安、临安溪口、南庄、桥东村、青山水库、市岭、徐家头、杨桥头、余杭和昭明寺 10 个雨量站，各站逐日加权平均后，作为流域面雨量资料。

根据青山水库 1966—2003 年多年面雨量资料，按每半个月进行统计，统计出青山水库流域多年平均面雨量见表 2.18。

表 2.18　　　　　　　　　　平 均 面 雨 量 统 计

时间	4月上	4月下	5月上	5月下	6月上	6月下	7月上
平均雨量/mm	68.36	68.01	91.20	70.40	96.20	137.53	95.34
时间	7月下	8月上	8月下	9月上	9月下	10月上	
平均雨量/mm	76.88	85.34	103.73	82.95	57.64	44.79	

从图 2.5 可以看出青山水库面雨量分布有如下特点：

（1）面平均降雨量分布呈现明显双峰形态，峰值分别出现在 6 月下半月和 8 月下半月。整体分布趋势与暴雨日数吻合，7 月上至 7 月下呈递减趋势，7 月下至 8 月上又呈递增趋势，在 8 月下半月之后，降雨量呈明显的下降趋势，降雨量逐渐的减小。6 月上至 7 月上及 8 月上至 9 月上这两时段的降雨量较其他时间段明显增多。

（2）4—5 月暴雨日数较少，但降雨量相对不少，分析其原因可能是因为该时期主要受到梅雨天气影响，水库流域出现雨区范围大，降雨历时长且降雨强度不大的降水过程。

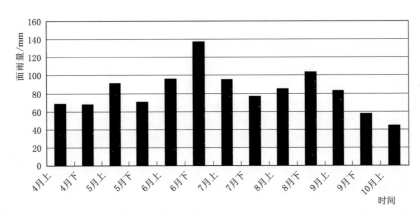

图 2.5　青山水库面雨量分布

3. 定量方法细化分期

（1）气象界雨季起讫定量评定方法。利用青山水库控制流域 4 月上至 10 月上的降雨资料统计得到各半月降水量变化相对系数的时程分布，见表 2.19。

表 2.19　半月平均降雨量相对系数

时　间	相对系数 C_R	时　间	相对系数 C_R
4 月上	1.16	7 月下	1.31
4 月下	1.16	8 月上	1.55
5 月上	1.55	8 月下	1.78
5 月下	1.20	9 月上	1.51
6 月上	1.64	9 月下	0.98
6 月下	2.34	10 月上	0.76
7 月上	1.62		

从表 2.19 中数据可知，青山水库控制流域存在两个汛期，分别是 6 月上至 7 月上和 8 月上至 9 月上。依据气象部门规定，如果出现两个雨季和两个汛期，则把出现旬降水量最大峰值的那个时段称为主雨季和主汛期。但是对于浙江省，这两次汛期暴雨洪水的天气成因相异，一般习惯这两个汛期称为主梅汛期和主台汛期。

（2）分形法。以青山水库多年日最大雨量为样本序列，以每半个月为计算区间，以分形维数相差不大（一般取 5%）为一类，以相差较大的时段为起始点，计算下一类。通过计算，得到青山水库多年日最大雨量过程分形维见表 2.20~表 2.26。

表 2.20　青山水库多年日最大雨量过程分形维（一）

开始日期	终止日期	分形维	相对差/%
4 月 15 日	4 月 30 日	1.4889	
4 月 15 日	5 月 15 日	1.4057	5.59
4 月 15 日	5 月 31 日	1.4538	3.42

表 2.21　青山水库多年日最大雨量过程分形维（二）

开始日期	终止日期	分形维	相对差/%
5 月 1 日	5 月 15 日	1.4097	

续表

开始日期	终止日期	分形维	相对差/%
5 月 1 日	5 月 31 日	1.4600	3.57
5 月 1 日	6 月 15 日	1.4048	3.78
5 月 1 日	6 月 30 日	1.4951	6.43
5 月 1 日	7 月 15 日	1.5455	3.37

表 2.22　青山水库多年日最大雨量过程分形维 （三）

开始日期	终止日期	分形维	相对差/%
6 月 16 日	6 月 30 日	1.3835	
6 月 16 日	7 月 15 日	1.4594	5.49
6 月 16 日	7 月 31 日	1.3475	7.67

表 2.23　青山水库多年日最大雨量过程分形维 （四）

开始日期	终止日期	分形维	相对差/%
7 月 1 日	7 月 15 日	1.3842	
7 月 1 日	7 月 31 日	1.3997	1.12
7 月 1 日	8 月 15 日	1.3334	4.74
7 月 1 日	8 月 31 日	1.4484	8.62

表 2.24　青山水库多年日最大雨量过程分形维 （五）

开始日期	终止日期	分形维	相对差/%
8 月 16 日	8 月 31 日	1.5574	
8 月 16 日	9 月 15 日	1.3998	10.12

表 2.25　青山水库多年日最大雨量过程分形维 （六）

开始日期	终止日期	分形维	相对差/%
9 月 1 日	9 月 15 日	1.4468	
9 月 1 日	9 月 30 日	1.4034	3.00
9 月 1 日	10 月 15 日	1.5698	11.86

表 2.26　　　　　青山水库多年日最大雨量过程分形维（七）

开始日期	终止日期	分形维	相对差/%
10 月 1 日	10 月 15 日	1.4541	
10 月 1 日	10 月 30 日	1.4800	1.78

根据计算得到的分形维，以 5% 为相邻两期的分形维相对差控制界限，根据表 2.20～表 2.26 的计算结果，可以大致将汛期分为如下几个阶段：

第一阶段：4 月 15 日至 4 月 30 日。

第二阶段：5 月 1 日至 6 月 15 日。

第三阶段：6 月 16 日至 6 月 30 日。

第四阶段：7 月 1 日至 8 月 15 日。

第五阶段：8 月 16 日至 8 月 31 日。

第六阶段：9 月 1 日至 9 月 30 日。

第七阶段：10 月 1 日至 10 月 15 日。

（3）Fisher 最优法分析。Fisher 最优法进行汛期洪水分期研究考虑多因子的影响，因此选择反映水库控制流域的暴雨洪水变化特性的 5 个因子：平均雨量、暴雨日数（日雨量超过 50mm 暴雨标准的降雨日数）、最大 1 日雨量、最大 3 日雨量、最大 7 日雨量。

构建有序样本 $x_1, x_2, \cdots, x_{13}$（13 为样本容量，且本个样本为 5 维向量），样本因子特征值见表 2.27。

表 2.27　　　　　　　　样 本 特 征 因 子 值

时间	平均雨量/mm	暴雨日数	最大 1 日雨量/mm	最大 3 日雨量/mm	最大 7 日雨量/mm
4 月上	68.36	0.6	21.41	35.89	51.39
4 月下	68.01	0.8	18.67	30.64	41.99
5 月上	91.20	2.2	30.17	44.04	60.22
5 月下	70.40	1.6	24.98	37.83	54.60
6 月上	96.20	3.9	35.17	51.03	71.46

续表

时间	平均雨量 /mm	暴雨日数	最大 1 日雨量 /mm	最大 3 日雨量 /mm	最大 7 日雨量 /mm
6 月下	137.53	6.4	39.29	64.01	98.01
7 月上	95.34	4.4	34.09	56.70	83.81
7 月下	76.88	2.7	25.93	39.81	55.28
8 月上	85.34	3.0	22.31	37.01	50.79
8 月下	103.73	3.7	32.88	54.19	75.21
9 月上	82.95	3.3	27.68	44.13	61.28
9 月下	57.64	1.9	23.80	39.12	49.86
10 月上	44.79	1.4	15.89	27.10	32.60

通过分类计算，可建立 $e[P^*(n,k)]$ 与 k 的相关曲线。从表 2.28 和图 2.7 可以看出，最小目标函数 $e[P^*(n,k)]$ 是随 k 值单调递减的。从图 2.7 可以看出在 4 处存在明显拐点，之后目标函数值基本趋于平缓，即 k 值增大其意义已不明显。其次通过计算比值 $\beta(k)=e[P^*(n,k-1)]/e[P^*(n,k)]$，建立 $\beta(k) \sim k$ 的关系曲线。通过 $\beta(k) \sim k$ 曲线，取极大值对应的 k 值作为最优分类数。如图 2.6 所示，可取 $k=5$ 为最优 k 值，将汛期划分为以下几个阶段：

第一阶段：4 月 1 日至 5 月 31 日。

第二阶段：6 月 1 日至 7 月 15 日。

第三阶段：7 月 16 日至 7 月 31 日。

第四阶段：8 月 1 日至 9 月 15 日。

第五阶段：9 月 16 日至 10 月 15 日。

表 2.28　　　　　　　　$e[P^*(n,k)]$ 与 k 的关系

k	$e[P^*(n,k)]$	分　类　结　果
2	47.00	(1　2　3　4　5　6　7　8　9　10　11)(12　13)
3	28.85	(1　2　3　4)(5　6　7　8　9　10　11)(12　13)
4	16.59	(1　2　3　4)(5　6　7)(8　9　10　11)(12　13)

续表

k	$e[P^*(n,k)]$	分　类　结　果
5	13.61	(1　2　3　4)(5　6　7)(8)(9　10　11)(12　13)
6	10.69	(1　2)(3　4)(5　6　7)(8)(9　10　11)(12　13)
7	8.27	(1　2)(3　4)(5)(6　7)(8)(9　10　11)(12　13)
8	5.03	(1　2)(3　4)(5)(6)(7)(8)(9　10　11)(12　13)
9	3.07	(1　2)(3　4)(5)(6)(7)(8)(9　10　11)(12　13)
10	1.60	(1　2)(3　4)(5)(6)(7)(8)(9　10)(11)(12)(13)
11	0.63	(1　2)(3)(4)(5)(6)(7)(8)(9　10)(11)(12)(13)
12	0.29	(1)(2)(3)(4)(5)(6)(7)(8)(9　10)(11)(12)(13)

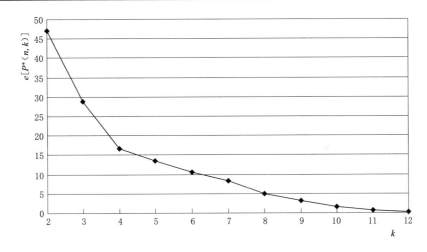

图 2.6　$e[P^*(n,k)]$ 与 k 的关系曲线

4. 汛期分期划分方案

综合上述定性分析及定量方法计算，雨季起讫法通过对半月平均降雨量相对系数的分析得出青山水库存在两个汛期特征明显的主汛期，分别为 6 月 1 日至 7 月 15 日和 8 月 1 日至 9 月 15 日；Fisher 最优法通过对 5 种暴雨洪水特征因子的分析，将汛期划分为 5 类，两个主汛期的起止时间为 6 月 1 日至 7 月 15 日和 8 月 1 日至 9 月 15 日（同雨季起讫法相吻合），最后结合气象部门和水文部门通过多年统计资料分析出的相

关气候及暴雨特征，建议青山水库汛期细分为五个分期：

梅汛前期：4 月 15 日至 5 月 31 日。

梅汛期：6 月 1 日至 7 月 15 日。

梅台过渡期：7 月 16 日至 7 月 31 日。

台汛期：8 月 1 日至 9 月 15 日。

台汛后期：9 月 16 日至 10 月 15 日。

2.2 基于分期的洪水预报模型研究

2.2.1 建模思路

流域内土壤、植被以及河道水系等下垫面自然地理因素在短期内变化一般不大，而引起各场洪水产汇流特性差异且影响模型参数特性变化原因的，主要是流域气象因素和前期土壤含水量情况。由于受到不同天气系统影响，暴雨特性差异很大，导致不同汛期内洪水特性差异显著（图 2.7）。基于此，可根据汛期划分分别建立洪水预报模型，模型参数根据各分期暴雨洪水分别率定。在实际预报过程中，根据洪水发生时间，判断所属分期，继而调用相应的参数进行洪水预报。

2.2.2 实例研究

1. 产流方式论证

选用亭下水库为研究对象，该水库所在的奉化江流域地处浙江省的东部，气候适宜，雨量丰沛，流域多年平均降水量为 1236mm，属于湿润地区。流域多山，山上林木茂盛，植被良好，根系发达，存在质地疏松的腐殖层，有很强的下渗能力，很难形成超渗产流。由于湿润，流域地下水位较高，包气带水分耗于蒸发而亏缺往往只在表层部分，其下部常年接近于田间持水量。因此，包气带缺水量不大，特别是在多雨期，缺水范围只在表层 20～30cm，缺水量不过 20～30mm，土壤易于被一次降雨蓄满。因此，产流方式是蓄满产流。

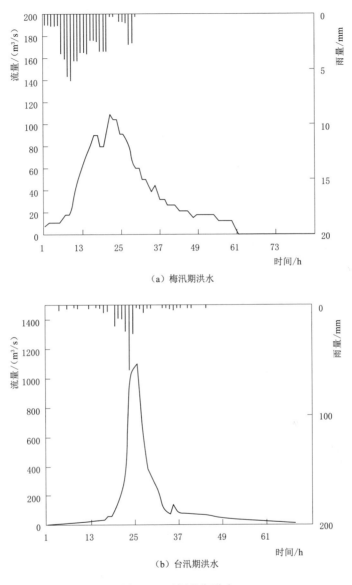

（a）梅汛期洪水

（b）台汛期洪水

图 2.7 不同分期洪水

2. 分期降雨洪水特征

本项目根据水文学降雨基本要素和洪水基本要素，选择次降雨量，最大雨强，降雨历时，起涨流量，洪峰流量，径流深和暴雨中心 7 个指标，对亭下水库流域 23 场次洪水分成 2 类进行分析，7 个指标统计结果见表 2.29。

表 2.29　　　　　　　　　　　降 雨 洪 水 特 征 指 标

分类	洪号	次降雨量/mm	最大雨强/(mm/h)	降雨历时/h	起涨流量/(m³/s)	洪峰流量/(m³/s)	径流深/mm	暴雨中心
Ⅰ类	31010623	45	24	8	13.9	118.0	49	斑竹乡
	31000709	83	41	15	2.2	153.5	37	东岙
	31970707	261	29	70	7.0	200.5	224	董家彦
	31950702	75	25	17	8.3	126.5	39	栖下坑
	31930703	76	9	30	13.0	115.0	84	斑竹乡
	31900623	109	18	33	6.0	189.0	64	董家彦
	31900614	68	55	20	5.0	104.0	41	亭下
	31890701	102	12	74	6.7	157.0	95	董家彦
	31890521	90	11	42	6.6	117.0	70	栖下坑
	31880617	144	9	70	5.6	173.0	125	董家彦
	均值	99	21	35.42	9.0	141.6	78	
Ⅱ类	31000913	87	12	32	2.1	104.0	53	董家彦
	31000829	104	21	28	13.9	184.2	102	东岙
	31970816	192	49	21	6.8	824.5	206	东岙
	31940821	145	45	17	7.0	493.3	100	斑竹乡
	31920922	204	58	29	6.0	1101.0	184	董家彦
	31920830	403	51	46	12.6	984.0	393	东岙
	31900908	151	21	54	10.5	344.0	154	董家彦
	31900904	167	22	45	5.7	332.0	129	亭下
	31900830	285	22	43	5.6	667.0	261	董家彦
	31890912	96	34	30	8.1	273.0	78	亭下
	31890831	121	34	29	6.5	143.0	83	董家彦
	31890818	205	24	72	7.1	131.0	147	东岙
	31880807	168	42	16	5.2	1160.0	120	董家彦
	均值	190	35	35	7.5	608.3	159	

根据表 2.29 数据，分析亭下水库流域Ⅰ类和Ⅱ类洪水特征如下：

（1）Ⅰ类，降雨总量和降雨强度不大，但降雨历时较长，有 75%洪水的暴雨中心位于中上游，受到流域调蓄作用较大，洪峰坦化比较明显，在出口断面形成的洪水峰、量均较小。

（2）Ⅱ类，降雨历时和Ⅰ类较短，但雨强大，形成的次降雨过程总量较大，且大部分洪水暴雨中心在下游，汇流时间短，受流域调蓄作用小，在出口断面易形成峰高量大的洪水过程。

3. 分期参数

Ⅰ类洪水雨强不大、历时较长且暴雨中心大多位于中上游。由于坡地汇流时间长，受到流域调蓄作用较大，在出口断面形成的洪峰量级较小，滞后时间也比较长。Ⅱ类洪水，雨强大历时短、汇流时间短，在出口断面易形成峰高量大的洪水过程。这两种差异明显的洪水特征，可以通过相对应的模型参数反馈到模型模拟计算过程中，通常情况下可以适当调整地面消退系数 CS、壤中流消退系数 CI、地下水消退系数 CG 及地下水和壤中流出流系数之比 KG/KI，以控制三种水源的出流速度，延长或者缩短消退历时；可适当改变流域自由水蓄水容量 SM 值，调整分水源阶段各水源的分配比例从而影响洪峰流量大小；通过对河道传播时间 KE 和坦化系数 XE 的调整，实现对峰现时间和洪峰流量的微调。根据上述原则，不同分期参数见表 2.30。

表 2.30　　　　　　　　　　不　同　分　期　参　数

参数	SM	KI	KG	CS	CI	CG	KE	XE
未分期	15	0.35	0.35	0.30	0.88	0.9	1.0	0.38
Ⅰ类	20	0.35	0.35	0.45	0.80	0.9	1.2	0.38
Ⅱ类	10	0.35	0.35	0.25	0.80	0.9	0.8	0.35

4. 模拟结果及分析

将表 2.30 的参数分别输入模型进行模拟计算，本项目依据《水文情报预报规范》（GB/T 22482—2008）选择三种评估指标评价，分析比较分期前后模拟结果的差异（表 2.31）。三评价指标如下所示：

径流深误差：
$$\Delta R = \frac{R_{cal} - R_{obs}}{R_{obs}} \times 100\%$$ (2.7)

洪峰流量误差：
$$\Delta Q_m = \frac{Q_{mcal} - Q_{mobs}}{Q_{mobs}} \times 100\%$$ (2.8)

确定性系数：
$$DC = 1 - \frac{\sum\limits_{t=1}^{n} [Q_{t-cal} - Q_{t-obs}]^2}{\sum\limits_{t=1}^{n} [Q_{t-obs} - \overline{Q}_{obs}]^2}$$ (2.9)

合格率：
$$QR = \frac{n}{m} \times 100\%$$ (2.10)

式中：R_{cal} 为计算径流深；R_{obs} 为实测径流深；Q_{mcal} 为计算洪峰流量；Q_{mobs} 为实测洪峰流量；Q_{t-cal} 为 t 时刻的计算流量；Q_{t-obs} 为 t 时刻的实测流量；$\overline{Q}_{obs}$ 为实测的平均流量；n 为预报合格次数；m 为预报总次数。

表 2.31　　　　　　　　　　分期前后历史洪水模拟结果

分　　期		$\Delta Q_m / \%$	DC	$QR / \%$
I 类	未分期	6.75	0.83	83
	分期	6.06	0.84	92
II 类	未分期	11.1	0.78	86
	分期	9.30	0.81	93

由表 2.31 可知：

(1) 采用分期分类率定的参数，I 类确定性系数及径流深误差没有显著提高，这主要是未分期前的参数模拟精度已经较好，分期后调整参数，洪峰相对误差从 6.75% 减小到 6.06%，洪水合格率由 83% 增加到92%；总体来说，模型的模拟精度均有所提高。

(2) II 类洪水采用分期参数后，模拟精度得到明显提高，特别是洪峰和洪量相对误差。分期后，洪水模拟的合格率也从 86% 提高到 93%。

为更加直观地显示分期参数对洪水模拟精度的影响，分别选择梅汛期 31890412 号、31000709 号和台汛期 31920922 号、31920830 号四场洪水的分期前后模拟过程图进行分析说明（图 2.8 和图 2.9）。

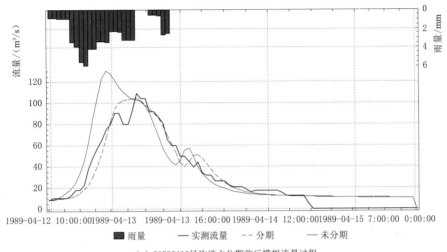

（a）31890412 场次洪水分期前后模拟流量过程

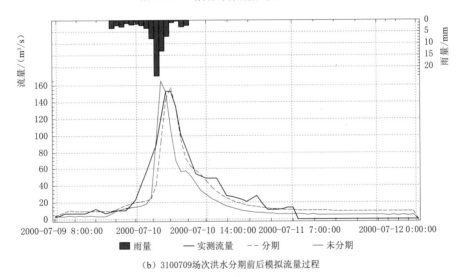

（b）3100709 场次洪水分期前后模拟流量过程

图 2.8　Ⅰ 类洪水分期前后模拟流量过程

　　未分期率定模型参数时以大多数洪水合格作为标准，优选出来的参数是各场洪水平均最优的情况，弱化了不同场次洪水的特性，分别从Ⅰ类和Ⅱ类的四场洪水均可以看出，未分期的参数往往导致Ⅰ类模拟洪水峰现时间提前，洪峰偏大，而Ⅱ类模拟洪水峰现时间偏后，洪峰偏小。这主要是因为未分期时控制水源分配比例的 SM，各水源的消退系数

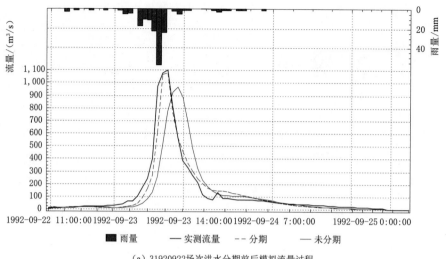

（a）31920922 场次洪水分期前后模拟流量过程

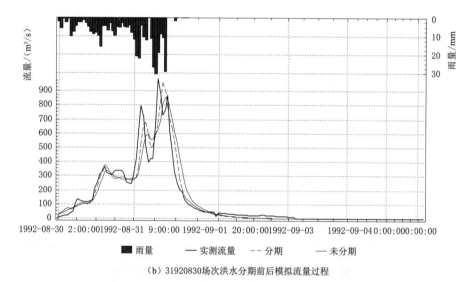

（b）31920830 场次洪水分期前后模拟流量过程

图 2.9 Ⅱ类洪水分期前后模拟流量过程

CS、CI、CG 以及河道传播时间 KE 无法较好反映Ⅰ类和Ⅱ类不同的暴雨洪水特征导致的。因此在分期后分类率定参数时，Ⅰ类适当增大 SM，增大地面水消退系数 CS 及河道传播时间 KE，Ⅱ类减小地面水消退系数 CS 及河道传播时间 KE，使分类参数能有效反馈不同分期暴雨洪水特性，从图 2.8 和图 2.9 可以看出无论从洪峰、洪量及峰现时间上，模拟精度均较未分期前有了明显提高。

第3章 基于空间特性的洪水预报研究

3.1 考虑入渗能力的产流研究

3.1.1 模型介绍

超渗产流认为产流受控于入渗强度，当降雨强度超过入渗强度就产流；蓄满产流则认为产流受控于包气带的田间持水量，在满足田间持水量之前，无论降雨强度多大，皆不产流。在我国南方，由于湿润多雨，包气带田间持水量充足，降雨很容易补足土壤缺水量。大量研究已经表明，一般情况下，用蓄满产流模型来计算南方地区的流域产流是有效的。但是如果遇到历时短、强度大的暴雨，其计算的径流量就会偏小。这种现象在前期土壤含水量小的条件下显得格外突出。

如果以 W' 代表流域内某地点的最大蓄水容量，W'_m 代表流域内的极大蓄水容量，P_t、R_t、D_t 表示 $t \sim t+1$ 时段的降雨量、径流量和土壤入渗量，W_{0t} 表示 t 时刻的土壤含水量，W_m 表示流域平均最大蓄水容量，n 为蓄水曲线指数，$W'_m = (1+n) W_m$ 表示流域上点蓄水容量的最大值，S_{0t} 为 W_{0t} 折算的流域平均蓄水深度，E_{mt} 表示 t 时刻的蒸发能力，$P_{et} = P_t - KE_{mt}$ 表示时段内扣除蒸发后的剩余降雨量，K 为蒸发量的折算系数，产流面积百分数 α 用 n 次抛物线模拟，蓄水容量的流域分配为 n 次抛物线，即

$$\alpha = 1 - \left(1 - \frac{W'}{W'_m}\right)^n \tag{3.1}$$

则可推导出时段产流量 R_t 计算公式为

$$R_t = P_{et} - (W_m - W_{0t}) + W_m \left(1 - \frac{S_{0t} + P_{et}}{W_m}\right)^{1+n} \tag{3.2}$$

从式（3.2）可以看出，蓄满产流模型中决定总径流量的因素除了降雨之外就是前期影响雨量，与下渗强度无关。

根据水量平衡方程，蓄满产流模型的流域时段入渗量由式（3.2）可以得到

$$D_t = (W_m - W_{0t}) - W_m \left(1 - \frac{S_{0t} + P_{et}}{W_m}\right)^{1+n} \tag{3.3}$$

文康等对蓄满产流模型做了进一步分析，认为蓄满产流模型实际上是受控于 Horton 型入渗曲线的超渗产流模型，并且蓄水容量就是入渗强度，即

$$W_m - W_{0t} = f_0 e^{-t} \tag{3.4}$$

式中：W_m、W_{0t} 意义同前；f_0 为土壤最大入渗强度。

流域在未蓄满时，蓄满产流模型将土壤作为一个线性吸收器假定计算出来的入渗量势必会大于根据 Horton 型入渗曲线计算出来的入渗量，即 $W_m - W_{0t} > f_0 e^{-t}$。蓄满产流模型在某种程度上夸大了流域的入渗能力，即式（3.3）要比实际的入渗量大。为控制流域土壤的入渗能力，本书在蓄满产流模型中引入最大入渗强度 D_m。在数学上，它是流域的土壤饱和度 θ 以及降雨量 i 的函数，即

$$D_m = f(\theta, i) \tag{3.5}$$

式中：θ 为流域的土壤饱和度；i 为降雨量。并且认为 D_m 与 θ、i 呈负指数关系。计算时，$t \sim t+1$ 时段的入渗量 D_t 可根据式（3.3）求得。若 $D_t \geqslant D_m$ 则取 $D_t = D_m$。那么式（3.2）就可简写为

$$R_t = P_{et} - D_t \tag{3.6}$$

设 $W_{上t}$、$W_{下t}$、$E_{上t}$、$E_{下t}$、d_t 分别表示上、下层土壤在 $t \sim t+1$ 时段的流域平均实际含水量，上、下层蒸发量，下层渗出量，E_{mt} 为随季节变化的实测蒸发量，K 为昼夜及晴雨天的蒸发能力校正系数。

这样，时段内土壤含水量的充蓄、亏耗的递推公式就可修改为

当 $P_{et} \leqslant 0$ 且 $W_{上t} + P_{et} > 0$ 时，

$$E_{上t} = KE_{mt}, \quad E_{下t} = 0$$

$$W_{上t+1} = W_{上t} + P_{et}$$

$$W_{下t+1} = W_{下t} - d_t$$

当 $P_{et} \leqslant 0$ 且 $W_{上t} + P_{et} \leqslant 0$ 时，

$$E_{上t} = W_{上t} + P_{et}$$

$$E_{下t} = (KE_{mt} - E_{上t})W_{下t}/W_{下m}, W_{上t+1} = 0$$

$$W_{下t+1} = W_{下t} - E_{下t} - d_t$$

当 $P_{et} > 0$ 且 $W_{上t} + P_{et} - R_t > W_{上m}$ 时，

$$E_{上t} = KE_{mt}, E_{下t} = 0$$

$$W_{上t+1} = W_{上m}$$

$$W_{下t+1} = W_{上t} + W_{下t} + P_{et} - R_t - W_{上m} - d_t$$

当 $P_{et} > 0$ 且 $W_{上t} + P_{et} - R_t \leqslant W_{上m}$ 时，

$$E_{上t} = KE_{mt}, E_{下t} = 0$$

$$W_{上t+1} = W_{上t} + P_{et} - R_t$$

$$W_{下t+1} = W_{下t} - d_t$$

上述的产流模型主要有 8 个待定参数（以下记为 $x_1 \sim x_8$）：①流域蓄水曲线指数；②蒸发量校正系数；③上层土壤最大蓄水容量；④下层土壤最大蓄水容量；⑤最大下渗率；⑥下渗指数因子；⑦夜蒸散发能力比；⑧晴雨天蒸散发能力比。

3.1.2 实例应用

沙溪口水电站位于福建闽江支流西溪上，坝址以上集雨面积为 25562km^2。流域内设 10 个水文站、两个水位站和 9 个雨量站。

沙溪口的入库流量可认为主要由其上游的高砂和洋口的洪水汇合而成，外加高砂、洋口至沙溪口坝趾的区间小支流的流量（主要由近期的降雨形成）。假定从高砂至沙溪口库尾河道的洪水演进时间是 t_1，从洋口至库尾的演进时间是 t_2。那么沙溪口入库流量预报所需的实测数据有：当前时刻之前一段时间里的高砂洪水过程、洋口洪水过程，以及高

43

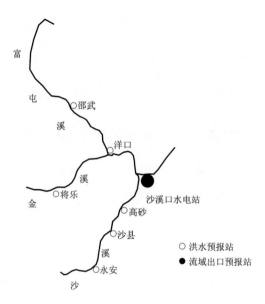

图 3.1　流域水系及预报站点

砂、洋口至坝趾的区间降雨量，此外还需要当前时刻起 $t-t_1$ 时间内高砂的洪水过程（预报值）和当前时刻起 $t-t_2$ 时间内洋口的洪水过程（预报值），而当前时刻之后区间降雨量对入库流量预报值的影响因降雨预报尚难以达到必要的精度而只好略而不计。

对于沙溪口入库流量所要求的预见期 t 而言，其上游站点高砂和洋口需要的预报时间就分别缩短为 $t-t_1$ 和 $t-t_2$。依此类推，对于高砂流量的预报而言，它所需要的实测数据有：当前时刻之前一段时间里其上游沙县的洪水过程，以及沙县至高砂的区间降雨量，此外还需要当前时刻起 $t-t_1-t_{11}$ 时间内沙县的洪水过程（预报值），而当前时刻之后区间降雨量的影响同样被略而不计。其中，t_{11} 为从沙县至高砂的洪水演进时间。这说明，对沙县所需要的预报时间将进一步缩短为 $t-t_1-t_{11}$。

经过逐级递推预报，得到沙溪口电站入库洪水 6h 预报结果（图 3.2）。与实测值相比，预报洪峰的误差仅 -7%，预报洪量的误差仅 -6%，预报的峰现时间基本无误，预报的整个洪水过程线与实测的过程线也十分接近。由于小洪水受区间水库蓄滞的影响相对较大，预报精度一般低于大洪水的预报精度。模型检验表明，除了极个别小洪水之外，均能达到较高的预报精度。

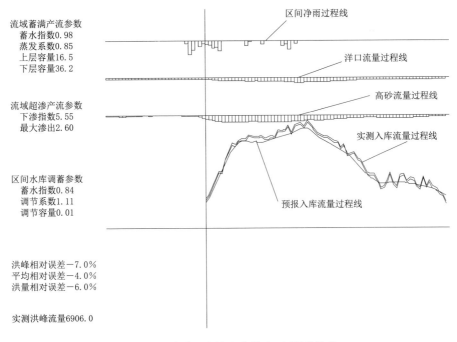

流域蓄满产流参数
蓄水指数0.98
蒸发系数0.85
上层容量16.5
下层容量36.2

流域超渗产流参数
下渗指数5.55
最大渗出2.60

区间水库调蓄参数
蓄水指数0.84
调节系数1.11
调节容量0.01

洪峰相对误差−7.0%
平均相对误差−4.0%
洪量相对误差−6.0%

实测洪峰流量6906.0

图 3.2 沙溪口电站入库洪水 6h 预报结果

3.2 汇流模型参数地区综合研究

在概念性模型范畴内，一种计算方法能否付诸实用，关键在于模型参数的综合和外延是否具有规律性。

综合是为了达到向设计条件下外延和无实测资料地区移用的目的。瞬时单位线分析法的参数综合分两步进行：第一步是通过单站各次洪水分析所得到的单位线滞时（M_1）和相应的雨强（I）建立综合关系来探讨参数的外延；第二步由各站已综合好的参数进行地区上的综合，来解决无资料地区的移用问题。

3.2.1 汇流参数单站综合

根据国内外大量研究成果，认为单位线滞时作为单位线的参数较为理想，它具有概念比较明确、定量比较稳定、外延有规律等特点。又据我国部分地区实测雨洪资料分析表明，纳什瞬时单位线滞时 $M_1 = NK$

与雨强的关系为

$$M_1 = NK = aI^{-b}$$

因此，对于每一场雨洪资料，均可以求出一对最优参数 a，b 值。

钮泽宸等[36]对浙江省内一些测站雨洪资料进行分析，得到各站所建立的 $M_1 \sim I$ 关系见表 3.1。

表 3.1　　　　　　　各站所建立的 $M_1 \sim I$ 关系

序　号	站　名	F/km^2	$M_1 \sim I$ 关系式
1	施家桥	41.6	$M_1 = 32.5I^{-0.68}$
2	徐畈	64.1	$M_1 = 19.1I^{-0.68}$
3	江家	65.3	$M_1 = 33.5I^{-0.68}$
4	南溪口	127	$M_1 = 30.1I^{-0.61}$
5	洪家塔	151	$M_1 = 22.0I^{-0.57}$
6	马村	153	$M_1 = 24.1I^{-0.57}$
7	墰溪	162	$M_1 = 29.1I^{-0.55}$
8	百罗畈	180	$M_1 = 28.9I^{-0.56}$
9	严村	180	$M_1 = 26.5I^{-0.59}$
10	金村	192	$M_1 = 28.5I^{-0.62}$
11	逆溪	225	$M_1 = 17.2I^{-0.40}$
12	桥东村	233	$M_1 = 27.6I^{-0.60}$
13	曹店	253	$M_1 = 23.0I^{-0.57}$
14	下回头	253	$M_1 = 22.3I^{-0.59}$
15	秋芦	269	$M_1 = 20.3I^{-0.58}$
16	长诏	276	$M_1 = 20.7I^{-0.51}$
17	溪西	300	$M_1 = 22.5I^{-0.52}$
18	潜鱼	339	$M_1 = 22.0I^{-0.43}$
19	溪口	340	$M_1 = 23.1I^{-0.50}$

序　号	站　名	F/km^2	$M_1 \sim I$ 关系式
20	埭头	346	$M_1 = 19.8I^{-0.54}$
21	双江溪	358	$M_1 = 18.1I^{-0.48}$
22	高峰	383	$M_1 = 20.3I^{-0.45}$
23	新昌	397	$M_1 = 21.2I^{-0.47}$
24	碧莲	433	$M_1 = 11.5I^{-0.50}$
25	上包	491	$M_1 = 22.5I^{-0.46}$
26	官塘	598	$M_1 = 22.4I^{-0.35}$
27	步坑口	647	$M_1 = 23.6I^{-0.48}$
28	独山	745	$M_1 = 20.5I^{-0.43}$
29	岩下（东阳）	760	$M_1 = 20.5I^{-0.25}$
30	岩下（天台）	793	$M_1 = 20.6I^{-0.38}$
31	密赛	797	$M_1 = 21.6I^{-0.37}$
32	上显滩	806	$M_1 = 20.3I^{-0.40}$
33	下岙	841	$M_1 = 20.6I^{-0.38}$
34	黄渡	1270	$M_1 = 22.4I^{-0.40}$

3.2.2　汇流参数地区综合

各单站 $M_1 \sim I$ 关系线之所以不同，由于各站的流域面积、坡降、形状、水系分布、流域地形地貌及土壤植被条件不同所致。本书主要考虑流域面积 F、主流河长 L、平均坡降 J 以及流域的等效宽度 W 与滞时之间的关系，其中 $W = F/L$。$J^{1/3}F^{-1/4} \sim b$ 关系如图 3.3 所示。

首先，通过图 3.4 中 $J^{1/3}F^{-1/4} \sim F/L$ 之间的关系，求得 b 的表达式为

$$b = 0.6878\ln(J^{1/3}F^{-1/4}) + 0.00293F/L + 1.4$$

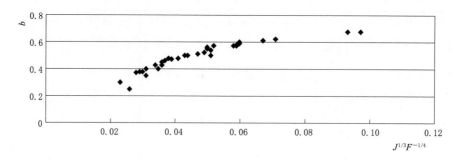

图 3.3 $J^{1/3}F^{-1/4}\sim b$ 关系

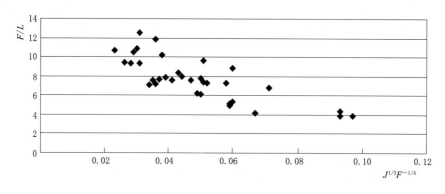

图 3.4 $J^{1/3}F^{-1/4}\sim F/L$ 关系

其次，通过各站 $M_1(10)$（$I=10\text{mm/h}$ 的 M_1 值）$\sim L/J^{1/3}$ 之间的关系，求得 $M_1(10)$；

$$M_1(10)=6.1\times0.001\times L/J^{1/3}+5.5$$

最后，通过 $M=f(a,b,I)$ 求得 a。

如此，就实现了汇流参数地区综合，从而实现了无资料地区的汇流计算。

3.2.3 应用实例

1. 实例简介

对宁波市鄞州区亭溪小流域和衢州市龙游县庙下溪小流域进行洪水预报，采用蓄满产流模型和单位线模型根据降雨分别计算产流和汇流。亭溪小流域预报断面为管江村，庙下溪小流域预报断面为牛角湾。

从万分之一地形图上量得,管江村断面以上流域面积 37.52km²,主流河长 120km,平均坡降 11‰;牛角湾断面以上流域面积 71.45km²,主流河长 17.6km,平均坡降 20‰(表 3.2)。

表 3.2　　　　　　　　预报断面以上流域特征参数

序号	预报断面	集雨面积/km²	主流长/km	坡降/‰
1	管江村	37.52	12.0	11
2	牛角湾	71.45	17.6	20

2. 参数综合

管江村以上流域集雨面积 37.52km²,主流长 12.0 km,河道比降 0.011。根据单位线参数地区综合,相关参数为:$n=1.1$,$a=32.5$,$b=0.68$。

牛角湾以上流域集雨面积 71.45km²,主流长 17.6 km,河道比降 0.020。根据单位线参数地区综合,相关参数为:$n=1.2$,$a=29$,$b=0.7$。

3. 运行情况

摘录运行期各流域发生的典型洪水过程(图 3.5~图 3.9),按照降雨开始时间来编辑洪号,分析其预报精度,见表 3.3。从表中统计数据可以看出,5 场洪水仅 1 场预报最高水位发生时间与实测最高水位发生时间相差 1h,水位预报绝对误差均在 20cm 以内。

表 3.3　　　　　　　　洪水预报精度统计

预报断面	洪号	实测最高水位/m	预报最高水位/m	绝对误差/m	实测最高水位发生时间	预报最高水位发生时间	相对误差/h
鄞州区管江站	20160626	3.72	3.83	−0.11	6 月 29 日 10:00	6 月 29 日 9:00	−1
	20160926	3.51	3.44	0.07	9 月 29 日 9:00	9 月 29 日 9:00	0
	20170628	3.97	4.13	−0.16	6 月 29 日 21:00	6 月 29 日 21:00	0

续表

预报断面	洪号	实测最高水位/m	预报最高水位/m	绝对误差/m	实测最高水位发生时间	预报最高水位发生时间	相对误差/h
龙游县牛角湾站	20160913	141.29	141.46	−0.17	9 月 15 日 15：00	9 月 15 日 15：00	0
	20160925	141.44	141.55	−0.11	9 月 28 日 21：00	9 月 28 日 21：00	0

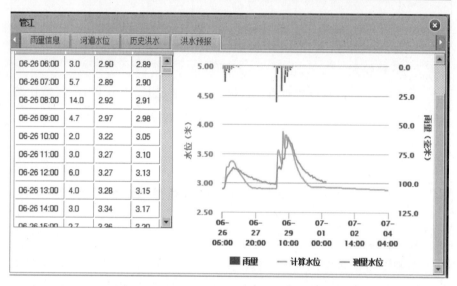

图 3.5　鄞州区管江站 20160626 号洪水过程

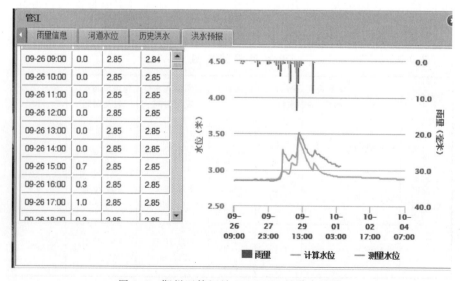

图 3.6　鄞州区管江站 20160926 号洪水过程

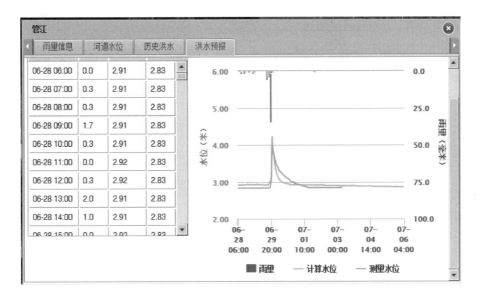

图 3.7 鄞州区管江站 20170628 号洪水过程

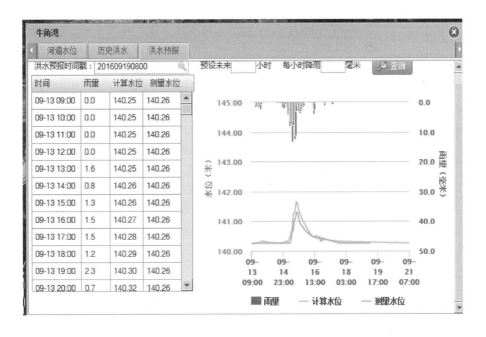

图 3.8 龙游县牛角湾站 20160913 号洪水过程

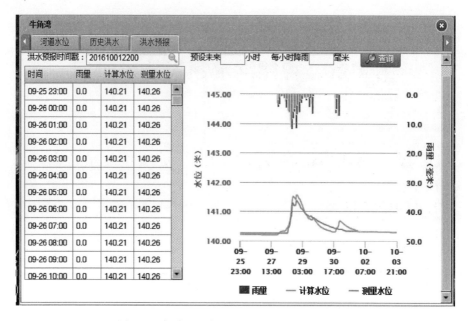

图 3.9　龙游县牛角湾站 20160925 号洪水过程

第4章　智能洪水预报技术研究

4.1　基于混沌理论的时延神经网络洪水预报模型研究

4.1.1　模型介绍

自 1931 年霍顿建立的下渗曲线和谢尔曼提出的单位线在水文中应用以来，现代水文学的研究就此开始。直到现代水文模型的广泛应用，水文预报技术完成了从经验计算到理论预测的升级。

伴随现代水文学不断进步，系统理论的概念和方法逐渐深入到水文学理论及方法中。系统理论将流域看作一个系统来模拟降雨径流过程，水文模型只需关注水文系统的功能，而无需关注系统组成、各组成部分间的联系以及控制系统运作的物理规律，这种模型的参数往往是由历史资料来确定。近年来，发展起来的人工神经网络即为系统方法的一种表现形式。人工神经网络对人脑若干基本特性通过数学方法进行抽象和模拟，模仿人脑结构及其功能。它从数据样本中自动学习以前的经验，并最终逼近那些最佳刻画了样本数据规律的函数，不论这些函数具有怎样的形式。一般来说，系统表现的函数形式越复杂，神经网络这种特性的作用就越明显。正是由于这样的特点，人工神经网络得到了广泛应用。

从降雨到形成流域出口断面流量的整个物理过程，称为径流形成过程。它可分为产流和汇流两个阶段。产流过程受气候和流域下垫面因素的影响，一部分表现为截流、蒸发、散发、填洼和下渗等，称为降雨损失，扣除降雨损失以后的净雨部分则产生地面径流、壤中流、浅层地下流和深层地下流。一般深层地下流不完全是本次降雨产生，往往从次径流中分割出去。流域汇流是研究流域上地面径流、壤中流和浅层地下流如何汇集到出口断面的流量过程。雨水降落到地面后，某一时段内坡面上产生的地面径流及壤中流和浅层地下流通过不同介质界面，或经过坡面调蓄分时段汇入河网而形成河网总入流。因此，流域上降雨到出口的径流过程往往是非常复杂的，这个过程需要的时间称为汇流时间。流域本身下垫面条件、降雨强度以及降雨分布的不同，汇流时间也相应不同。

在工程中，有许多对象是与时间有关系的，如时间序列建模和预测、动态系统辨识、语音识别等。处理这类问题的网络本身应是一个动态系统，为此必须在静态网络的外部引入延时单元，把时间信号展成空间后，再送给静态的前向网络，例如要利用一个平稳时间序列的前 p 个时间的值预测其下一时刻的值，这种网络常称为时延神经网络。本书采用时延神经网络模拟流域的降雨洪水过程，用前期影响雨量来概化流域下垫面含水量情况，因此输入为当前时刻雨量和前期影响雨量，输出为预报时段时的流域出口洪水。

设 $X(t)$ 为当前 t 时刻的前期降雨量，$y(t+p)$ 为 $t+p$ 时刻的径流量，则可以建立如下关系式：

$$y(t+p)=f(X(t)) \tag{4.1}$$

式中：p 为预报时段。

式（4.1）可以表示为图 4.1 的形式，t 时刻的输入向量 $X_t=[x_{t,0},\cdots,x_{t,m},\cdots,x_{t,M}]^T$ 可由 $x_{t,0}$ 经时延得到，其中 $x_{t,m}=x(t-m)$。因此，图 4.1 为单输出 3 层神经网络，其隐含层第 j 隐单元（$j=1，2，\cdots，K$）的输出为

$$z_{j,t}=\varphi_j(u_{j,t}) \tag{4.2}$$

$$u_{j,t}=\sum_{m=0}^{M} w_{j,m}x_{t,m} \tag{4.3}$$

可见 $u_{j,t}$ 是输入与有限冲激响应 $\{w_{j,m}\}$ 的褶积，若隐单元激活函数用 Sigmoid 函数，则有

$$\varphi_j(u_{j,t})=\frac{1}{1+e^{-\lambda(u_{j,t}-\theta_j)}} \tag{4.4}$$

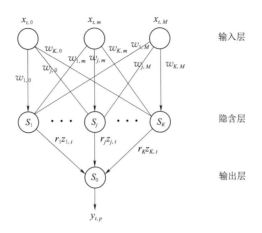

图 4.1 单输出 3 层神经网络

θ_j 是单元 j 的阈值，若输出单元是线性求和单元，则 t 时刻的输出为

$$y_{t,p} = \sum_{j=1}^{K} r_j z_{j,t} \tag{4.5}$$

若各隐单元输出在其阈值 θ_j 处展成 Taylor 级数

$$z_{j,t} = \varphi_j(u_{j,t}) = \sum_{i=0}^{\infty} d_i(\theta_j) u_{j,t}^i \tag{4.6}$$

$d_i(\theta_j)$ 为展开后的各项系数，其值与 θ_j 有关，由于 $u_{j,t} = \sum_{m=0}^{M} w_{j,m} x_{t,m}$，得

$$y_{t,p} = \sum_{j=1}^{K} r_j \sum_{i=0}^{\infty} d_i(\theta_j) \cdot \sum_{m_1=0}^{M} \cdots \sum_{m_i=0}^{M} w_{j,m_1} \cdots w_{j,m_i} x_{t,m_1} \cdots x_{t,m_i} \tag{4.7}$$

如果令 $k_i(m_1, \cdots, m_i) = \sum_{j=1}^{K} r_j d_i(\theta_j) w_{j,m_1} \cdots w_{j,m_i}$，则式（4.7）可以写为

$$y_{t,p} = \sum_i \sum_{m_1, \cdots, m_i=0}^{M} k_i(m_1, \cdots, m_i) x_{t,m_1} x_{t,m_i} \tag{4.8}$$

4.1.2 降雨径流系统的混沌特性及相空间重构

1. 降雨径流系统的混沌特性

对混沌现象的最早研究，可以追溯到 20 世纪中叶。混沌现象的发

现，表明客观事物的运动不仅是定常的、周期或准周期的运动，而且还存在着一种具有更为普遍意义的形式，即混沌运动形式。混沌现象需要具备如下几个特点：①出现在开放的，远离平衡的系统中（与外界有能量和物质的交换，系统是耗散的）；②存在非线性的相互作用（表现在相互约束、相互反馈）；③过程是不可逆的；④涨落和对称破缺。不可逆性（或耗散性）使系统趋于稳定，而涨落带来局部的不稳定性，两种对立的调和便形成了奇怪吸引子。流域暴雨产汇流系统与外界有能量和物质的交换，处在远离平衡的状态，洪水存在非线性的相互作用，其过程不可逆，并具有涨落和对称破缺的特性，它满足混沌系统的必要条件。

2. 相空间重构

一个具有混沌特性的系统在某一时刻的状态称为相，决定状态的状态变量构成的几何空间，称为相空间。混沌理论认为，系统任一状态的演化是由与之相互作用的其他状态所决定的，因此，这些相关状态的信息，就隐含在任一状态的发展过程中。这样，可以从某一状态的一批时间序列数据中，提取和恢复出系统原来的规律，即时间序列相空间重构。

Parkard 等建议用原始系统的某一个变量的延迟坐标来重构相空间，Takens 证明了可以找到一个合适的嵌入维数，即如果延迟坐标的维数 $m \geqslant 2D+1$（D 是动力系统的维数），在这个嵌入维空间里可以把有规律的吸引子轨迹恢复出来。

对于时间序列 $x_1, x_2, \cdots, x_n$，如果选择合适的嵌入维数 m 和时间延迟 τ，相空间可重构为

$$y(i) = \{x(i), x(i-\tau), x(i-2\tau), \cdots, x[i-(m-1)\tau]\} \quad (i=1,2,\cdots,n)$$

$$(4.9)$$

3. 时间延迟 τ 的选取

由 Takens 定理知，在没有噪声无限长的精确数据的情况下，可以任意选择 τ，但实测时间序列是有限长的，且一般都有噪声污染，即使经过降噪处理，其中也仍然有噪声存在。因此，在重构过程中 τ 的选取

往往显得非常重要，一般只能根据经验来选择 τ，其基本思想是使 x_i 和 $x_{i+\tau}$ 具有某种程度的独立但又不完全相关，以便它们在重构的相空间中可以作为独立的坐标处理。在实际应用中有线性自相关函数法和平均互信息法。自相关函数法只能提取数据序列的线性相关性，只能度量两个变量的线性相关性。而水文系统一般都是非线性的，互信息法可以同时计算非线性相关性，度量两个变量的整体依赖性。因此，本书采用平均互信息法来计算时间延迟 τ。

设系统 S，由一系列包含其信息的值构成时间序列 $s_1,s_2,\cdots,s_n$，每个信息值对应的概率为 $P_s(s_i)$（$i=1,2,\cdots,n$）。从各个测量值 s_i 获得的平均互信息量为系统的熵 H 为

$$H(S) = -\sum_i P_s(s_i)\log P_s(s_i) \tag{4.10}$$

考虑 s_i 经过一个时间延迟 τ 后的量 $s_{i+\tau}$ 对于量 s_i 的依赖性，记 $q_j = s_{i+\tau}$，则一系列的 $[s_i,q_j]=[s_i,q_{i+\tau}]$，构成的系统称为一个总的耦合系统 $[S,Q]$。当 s 的测量值已知为 s_i 时，则 q 的不确定性可以度量称为条件熵 $H(Q|s_i)$，表示为

$$H(Q \mid s_i) = -\sum_j P_{q|s}(q_j,s_i)\log[P_{q|s}(q_j,s_i)]$$
$$= H(S,Q) - H(S) \tag{4.11}$$

其中 $H(Q,S) = -\sum_{i,j} P_{sq}(s_i,q_j)\log[P_{sq}(s_i,q_j)]$，其中 S 导致 q 的不确定性减小的度量可以表示为互信息（mutual information）$I(Q,S)$ 为

$$I(Q,S) = H(Q) - H(Q|S)$$
$$= H(Q) + H(S) - H(S,Q) \tag{4.12}$$

互信息计算中需要估计概率 P_{sq}，通常采用划分盒子的方法。设在 s，q 的平面上点（s，q）处于大小为 $\Delta s \Delta q$ 的盒子里，那么

$$P_{sq} = \frac{N_{sq}}{N_{total}}\Delta s \Delta q \tag{4.13}$$

式中：N_{sq} 为盒子中的相点的数目；N_{total} 为总的相点数。

$$I(\tau) = I(x_i) + I(x_{i-\tau}) - I(x_i, x_{i-\tau})$$

$$= -\sum_{i=\tau}^{n} P(x_i) \log P(x_i) - \sum_{i=\tau}^{n} P(x_{i-\tau}) \log P(x_{i-\tau})$$

$$+ \sum_{i=\tau}^{n} P(x_i, x_{i-\tau}) \log P(x_i, x_{i-\tau}) \tag{4.14}$$

其中

$$P(x_i, x_{i-\tau}) = \frac{N(x_i, x_{i-\tau})}{N_{\text{total}}} = \frac{N(\tilde{x}_i, \tilde{x}_{i-\tau})}{n-\tau}$$

$$P(x_i) = \frac{N(x_i)}{N_{\text{total}}} = \frac{N(\tilde{x}_i)}{n-\tau}$$

$$P(x_{i-\tau}) = \frac{N(x_{i-\tau})}{N_{\text{total}}} = \frac{N(\tilde{x}_{i-\tau})}{n-\tau} \tag{4.15}$$

$N(x_i)$ 表示 x_i 所在盒子 $\tilde{x}_i$ 中的数据个数，即 $N(\tilde{x}_i)$，$N(x_i, x_{i-\tau})$ 表示 x_i，$x_{i-\tau}$ 所在的盒子 $\tilde{x}_i$，$\tilde{x}_{i-\tau}$ 中的数据个数对，即 $N(\tilde{x}_i, \tilde{x}_{i-\tau})$。绘出 $I(\tau)$ 关于延迟时间 τ 的曲线图，根据互信息方法，在互信息量第一次降低到极小值时，对应的时间 τ_{min} 作为相空间重构的时间延迟 τ。

4. 嵌入维数 m 的选取

关于嵌入维数的选取，Takens、Sauer 等先后从理论上证明了当 $m \geqslant 2D+1$ 时可获得一个吸引子的嵌入，其中 D 是吸引子的分形维数。如果仅仅是计算关联维数，Ding 等证明了对无噪声、无限长的数据，只要 m 取大于关联维数 D_2 的最小整数即可。但对有限长且有噪声的数据，m 要比 D_2 大得多。如果 m 选得太小，则吸引子可能折叠以致在某些地方自相交。这样一来，在相交区域的一个小邻域内可能会包含来自吸引子不同部分的点。如果 m 选得太大，理论上是可以的，但在实际应用中，随着 m 的增大会大大增加吸引子的几何不变量（如关联维数、Lyapunov 指数等）的计算工作量，且噪声和舍入误差的影响也会大大增加。在实际应用中通常的方法是计算吸引子的某些几何不变量（如关联维数、Lyapunov 指数等），逐渐增加 m 直到这些不变量停止变化为止。

4.1.3 实例应用

对某大型流域区间进行降雨径流模拟。该区间内有 8 个雨量站，上游有 2 个流量站。模型率定选用降雨和流量资料从 1999 年 4 月 1 日到 2000 年 12 月 31 日，计算时段为 1h。根据相空间重构理论，对输入模型的降雨系列进行相空间重构，选取时间延迟 $\tau=10h$，嵌入维数 $m=5$。除此之外，在模型输入数据中还考虑了上游两个流量站的前期流量和预报断面的前期流量。最后，根据以上输入，对流域出口断面流量过程进行 10h 预报。

神经网络模型如图 4.2 所示，其中 $\{x(t)，x(t-10)，x(t-20)，x(t-30)，x(t-40)\}$ 为 t 时刻区间降雨量经相空间重构后所得到的相点，F1、F2 为上游 2 个流量站的流量资料，$F0(t+10)$ 为流域出口断面流量。

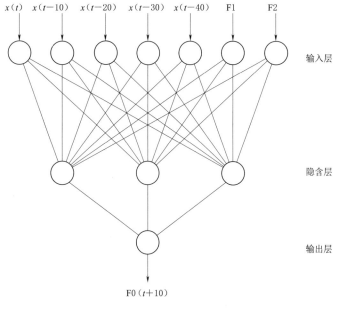

图 4.2 神经网络模型

表 4.1 示出了 2001 年两场洪水的实测值和预测值。从表 4.1 可以看出，010510 号洪水实测值和预报值峰现时间都出现在 2001 年 5 月 10 日 4 时，两者洪峰流量相对误差仅为 1.04%。010613 号洪水实测值和

预报值峰现时间偏差 2h，实测值的洪峰出现时间为 2001 年 6 月 13 日 19 时，预报值的洪峰出现时间为 2001 年 6 月 13 日 21 时，比较 2001 年 6 月 13 日 19 时和 2001 年 6 月 13 日 21 时的流量，两者仅差 6.65 m^3/s。另外，预报值洪峰为 4772.09 m^3/s，实测值洪峰为 4997.10 m^3/s，预报值相对实测值的相对误差为 4.5%，因此，可以认为该模型的预报洪峰流量和峰现时间是相对准确的。

表 4.1　　　　　　　　2001 年两场洪水实测值和预报值　　　　　单位：m^3/s

010510 号洪水			010613 号洪水		
年.月.日　时	实测值	预测值	年.月.日　时	实测值	预测值
...	...	...	...	...	...
2001.05.09　23	3356.07	3768.29	2001.06.13　10	3435.37	3034.09
2001.05.10　00	3857.83	4037.43	11	3555.85	3471.42
01	4206.05	4420.75	12	3692.37	3609.50
02	4433.00	4372.38	13	3841.80	3608.97
03	4529.60	4442.51	14	3954.00	4008.64
04	4550.30	4597.72	15	4323.26	4364.23
05	4527.31	4561.79	16	4652.00	4443.44
06	4467.50	4384.01	17	4855.45	4459.90
07	4380.09	4294.51	18	4994.55	4607.10
08	4283.50	4099.67	19	4997.10	4474.50
09	4137.61	3756.07	20	4890.70	4606.21
10	3997.07	3422.43	21	4752.50	4772.09
11	3899.01	3860.40	22	4640.80	4585.96
12	3683.86	3604.64	23	4598.60	4527.54
13	3474.10	3536.21	2001.06.14　00	4458.30	4533.99
14	3201.75	3280.98	01	4361.70	4536.76
...	...	...	...	...	...

4.2 小波软阈值降噪处理

4.2.1 小波多尺度分析

洪水序列通常携带关于系统本身状态的信息，而此信息可被看作定义在至少是时间、频率、流量三维空间中的函数。给定某一时刻，径流量包含了系统的各类频率信息；给定某一频率，径流量中携带有确定性因素和随机性因素产生的信息。径流过程包含的确定性周期成分是一种长周期低频率的波动，而随机性因素引起的随机波动则是短周期、高频率的。基于此，可以根据径流序列信息中隐含的不同周期信号将其分离。传统的傅里叶变换只能确定一个信号在整个时间域而不是在某一局部时间附近的频谱特性，这为一些具有突变特性的信号的分析带来了诸多不便和困难。虽然短时傅里叶变换能实现信号时频局部化分析，但是窗函数一旦确定，窗口的大小和形状就不会随信号局部特性变化而变化。小波变换与之不同，它能给出进行分析的一个灵活多变的时间和频率的"窗口"，在"中心频率"高的地方，时间窗自动变窄，而在"中心频率"低的地方，时间窗自动变宽。这样，小波变换将信号在各个时刻或各位置在不同尺度上的演变情况如实反映出来。

若 $\{V_n\}$ 是 $L_2(R)$ 中的一个闭子空间序列，它满足：

(1) $V_j \subset V_{j+1}$，$j \in Z$。

(2) $\bigcup\limits_{j=-\infty}^{+\infty} V_j = L_2(R)$，$\bigcap\limits_{j=-\infty}^{+\infty} V_j = \{0\}$。

(3) 存在一个函数向量 $\varphi(x)$，使得 $\{2^{\frac{j}{2}}\varphi(2^{\frac{j}{2}}x-n), n \in Z\}$ 是 V_j 的规范正交基。

则有，$\varphi_{j,n}(x) = 2^{\frac{j}{2}}\varphi(2^{\frac{j}{2}}x-n)$。

若设 W_j 是 V_j 在 V_{j+1} 上的正交补空间，即 $V_{j+1} = V_j \oplus W_j$，并且存在一个函数向量 $\psi(x)$，使得 $\{2^{\frac{j}{2}}\psi(2^{\frac{j}{2}}x-n), n \in Z\}$ 是 W_j 上的规范正交基。则有 $\psi_{j,n}(x) = 2^{\frac{j}{2}}\psi(2^{\frac{j}{2}}x-n)$。

因此，对于任何函数或信号 $f(t)[f(t) \in L_2(R)]$，有如下的小波级数展开：

$$f(t) = \sum_{k \in Z} a_k^J \varphi_{J,k}(t) + \sum_{j \leqslant J} \sum_{k \in Z} d_k^j \psi_{j,k}(t) \tag{4.16}$$

式（4.16）中的第一项表示尺度 J 上的"近似"，第二项表示在尺度 J 上的各"细节"。a_k^J、d_k^j 分别表示小波变换在尺度 J 上的"近似"项系数和各尺度上的"细节"项系数。任何函数或信号都可以通过式（4.16）进行分解和重构。Donoho 和 DeVore 等认为在小波域上，绝对幅值比较大的小波系数其主要成分是由信号提供的，而绝对幅值比较小的小波系数则主要是由噪声造成的，所以在重构信息之前对细节系数加上阈值就可以实现对原始信号降噪的目的，即大于阈值的"细节"项系数保留，小于阈值的"细节"项系数归零。因此，一维信号的降噪过程可分为如下三个步骤：

（1）一维信号的小波分解。选择一个小波并确定分解的层次，然后进行分解计算。

（2）小波分解高频系数的阈值量化。对各个分解尺度下的高频系数选择一个阈值进行软阈值处理或选择一个全局阈值进行硬阈值处理。

（3）一维小波重构。根据小波分解的最底层低频系数和各高层高频系数进行一维小波重构。

4.2.2 小波降噪在洪水序列中的应用

本书采用 Daubechies 小波系中的 DB6 小波为母小波，按照 Mallat 算法将径流信息 S 一层层分解成不同的通道成分，即

$$S = D_1 + D_2 + \cdots + D_m + A_m \tag{4.17}$$

式中：D_1，D_2，$\cdots$，D_m 分别为第 1 层、第 2 层到第 m 层分解得到的"细节"项；A_m 为 m 层分解后得到的"近似"项。"细节"项反映为高频信息，"近似"项反映为低频信息。本书 m 取 3，计算区域出口断面的原始流量经过小波变换以后得到的低频信息以及各高频信息。本书选用软阈值方法紧缩小波分解中的细节信号。软阈值方法紧缩信号是指将

阈值以下信号值置为 0，阈值以上值减去阈值使其向 0 的方向紧缩。即设阈值为

$$t = \sigma \sqrt{2\log(N)} \tag{4.18}$$

当信号 $|x(n)| > t$ 时，软阈值收缩后的信号为 $\text{sgn}(|x(n)|)$ $(|x(n)-t|)$；当 $|x(n)| \leqslant t$ 时，为 0。其中 $x(n)$ 是每一尺度下的细节信号，σ 是反映噪声水平的量值，需要采用一定的方法根据信号的特性进行计算，N 为每一尺度下的细节信号长度。一般来说，白噪声能反映出径流序列中的测量噪声成分，本书在此基础上假设测量噪声服从高斯白噪声分布。

由于 Mallat 算法是采用一种金字塔式的分解方法，信号 S 在尺度 2^j 上的小波变换相当于信号通过一个数字带通滤波器的结果。因而，在最低尺度上相当于通过高通滤波器的结果。如果输入信号为有限带宽，而采样频率又设置合适，那么信号小波变换后在最低分解层的细节信号（D_1）将全部是噪声。由于基于正交基的小波变换不改变高斯白噪声的特性，所有 D_1 的标准偏差就等于噪声水平 σ 的估计。这样只要对 D_1 采用软阈值方法紧缩就可以得到较好的降噪结果。但是，通过对径流时间序列的时—频分析得到，径流时间序列的频带宽且随时间变化，只依靠 D_1 估计噪声水平并计算阈值是不够的，必须对每一尺度下的细节都估计噪声水平并获得相应的阈值。

对于洪水时间序列的小波分解后的每一尺度下的细节信号噪声水平估计，本书采用式（4.19）来确定各分解尺度上的噪声水平[7]。

$$\sigma = \frac{\text{median}(|x|)}{0.6745} \tag{4.19}$$

式中：x 为各分解尺度下的细节系数。得到降噪后的计算区域出口流量信息 $\text{median}(\cdot)$ 为取中值。计算时原始径流序列 S 按式（4.20）处理到 $[0,1]$ 上。

$$S' = \frac{S - S_{\min}}{S_{\max} - S_{\min}} \tag{4.20}$$

式中：S' 为处理后的洪水数据；$S_{\max}$、$S_{\min}$ 分别为原始洪水序列中的最大值和最小值。

4.3　洪水预报实时校正技术研究

4.3.1　实时校正方法

实时校正方法是洪水预报技术的重要组成部分，它的技术发展对于提高预报精度有着重要意义，对其进行深入研究是非常必要的。

综合国内外近年来对实时校正方法的研究，可以归纳出以下两点：

（1）预报与校正模型合一。一般是把概念性的水文模型与卡尔曼滤波算法结合起来。它将状态变量法引入到滤波理论中，用消息与干扰的状态空间模型代替了通常用来描述它们的协方差函数，将状态空间描述与离散时间更新联系起来，适用于计算机直接进行计算。这种算法得出的是表征状态估计值及其均方误差的微分方程，给出的是递推算法。卡尔曼滤波器的一个明显特点是出现了一个非线性微分方程，即黎卡蒂方程，它易于用计算机求解，求解过程比较简单，适于实时处理。

（2）预报加校正模型。比如先用水文学模型或者水力学模型预报，而后采用误差校正方法进行实时校正。

4.3.2　正规卡尔曼滤波实时校正

1. 模型分析

在没有外部干扰的情况下，动态系统的未来状态可根据当前状态利用描述系统动态变化的运动方程来确定。遗憾的是，对于实际的物理系统而言，难免存在某种外部干扰，或是人们对系统动态变化的描述还不够十分精确。因此，任何实际物理系统的行为，均可看作由两部分组成：一部分是根据已知的运动方程预测而出；另一部分是均值可视为 0 的随机分量。这样的系统即可视为马尔柯夫序列。若假设该动态系统为线性的，则其系统方程和量测方程为

$$\begin{cases} X_k = \Phi_k X_{k-1} + G_k U_k + \Gamma_k W_k \\ Y_k = H_k X_k + V_k \end{cases} \tag{4.21}$$

式中：Φ_k 为在 $k-1$ 时刻的状态条件下 k 时刻的线性状态方程；G_k 为 k

时刻系统输入分配阵；H_k 为 k 时刻的线性观测方程；X、Y 分别为状态变量和量测变量；Γ_k 为 k 时刻系统噪声分配阵；动态噪声 W_k 和测量噪声 V_k 是均值为 0 的白噪声序列，且两者互不相关，即对所有的 i、j 有

$$\begin{cases} E(W_i)=0 \\ E(V_i)=0 \\ \mathrm{Cov}(W_i,W_j)=E[W_i,W_j]=Q_i\delta_{ij} \\ \mathrm{Cov}(V_i,V_j)=E[V_i,V_j]=R_i\delta_{ij} \\ \mathrm{Cov}(W_i,V_j)=0 \end{cases} \tag{4.22}$$

其中，δ_{ij} 是 Keronecker 函数，即

设初始状态 X_0 为正态随机变量，其统计特性为

$$\begin{cases} E(X_0)=\mu_0 \\ \mathrm{Var}(X_0)=P_0 \\ \mathrm{Cov}(X_0,W_i)=0 \\ \mathrm{Cov}(X_0,V_i)=0 \end{cases} \tag{4.23}$$

式中：$E(\cdot)$、$\mathrm{Var}(\cdot)$ 和 $\mathrm{Cov}(\cdot)$ 分别为数字期望、方差和协方差。

卡尔曼滤波最早由卡尔曼于 1960 年提出，该方法是在假设系统是线性的，噪声是白色的、高斯型的条件下的一种递推资料处理方法。卡尔曼滤波基本思想包括预报和校正两步：在状态预报阶段，根据前一时刻的状态生成当前时刻状态的预报值；在校正阶段，引入观测数据，采用最小方差估计方法对状态预测进行重新分析和校正。正规卡尔曼滤波递推公式为

滤波：
$$\hat{X}_k=\hat{X}_{k/k}=\hat{X}_{k/k-1}+K_k(Y_k-H_k\hat{X}_{k/k-1}) \tag{4.24}$$

预报：
$$\hat{X}_{k/k-1}=\Phi_k\hat{X}_k+G_kU_k \tag{4.25}$$

增益矩阵：
$$K_k=P_{k/k-1}H_k^T(H_kP_{k/k-1}H_k^T+R_k)^{-1} \tag{4.26}$$

状态向量预测误差协方差：

$$P_{k/k-1}=\Phi_kP_{k-1}\Phi_k^T+\Gamma_kQ_k\Gamma_k^T \tag{4.27}$$

状态滤波误差协方差为

$$P_k = (I - K_k H_k) P_{k/k-1} \tag{4.28}$$

另外，启动递推算法的滤波初值一般包括状态初值的一阶、二阶矩为

$$\begin{cases} E(X_0) = \mu_0 \\ \mathrm{Var}(X_0) = P_0 \end{cases} \tag{4.29}$$

标准卡尔曼滤波递推算法的流程如图 4.3 所示。

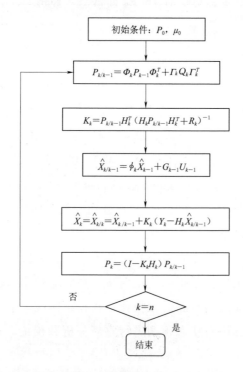

图 4.3　标准卡尔曼滤波递推算法的流程

2. 实例分析

本书采用标准卡尔曼滤波法对亭下流域的分期后的入库流量进行校正，验证该方法校正水库入库流量的效果。标准卡尔曼滤波应用的前提条件是该系统必须为线性，而在水文学中河道汇流可以看成一个时变线性系统，而马斯京根模型是唯一可以依靠水文学方法来推求参数矩阵的

模型，符合线性系统方程的数学形式，为标准卡尔曼滤波提供了应用基础。卡尔曼滤波校正新安江模型如图 4.4 所示。

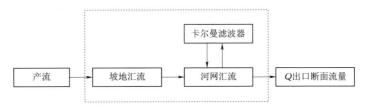

图 4.4　卡尔曼滤波校正新安江模型

马斯京根的矩阵解法：以一个长河段作为研究系统，其被划分为 n 个子河段，对于线性流量演算，每一个子河段的演算参数 K_i 和 I_i。是相等的。对于第 i 个子河段，马斯京根方程为

$$\begin{cases} W_i^{t+1} - W_i^t = \dfrac{\Delta t}{2}(I_i^{t+1} + I_i^t + q_i^{t+1} + q_i^t) - \dfrac{\Delta t}{2}(Q_i^{t+1} + Q_i^t) \\ W_i = K_i[x_i(I_i + q_i) + (1 - x_i)Q_i] \end{cases} \tag{4.30}$$

式中：t 为时间序号；I_i 和 Q_i 为第 i 个子河段的入流和出流；q_i 为第 i 个子河段的区间或支流入流量；W_i 为该子河段的槽蓄量；K_i 和 I_i 为演算参数。

对式（4.30）求解，得

$$a_i Q_i^{t+1} + b_i I_i^{t+1} = c_i Q_i^t + d_i I_i^t + d_i q_i^t - b_i q_i^{t+1} \tag{4.31}$$

其中

$$\begin{cases} a_i = K_i^{t+1}(1 - x_i^{t+1}) + \dfrac{1}{2}\Delta t \\ b_i = K_i^{t+1} x_i^{t+1} - \dfrac{1}{2}\Delta t \\ c_i = K_i^t(1 - x_i^t) - \dfrac{1}{2}\Delta t \\ d_i = K_i^t x_i^t + \dfrac{1}{2}\Delta t \end{cases}$$

若将预报河段上断面流量 I_i 并入 q_i 中，并以 4 个子河段为例，经过推导得到简化后马斯京根向量矩阵方程为

67

$$
\begin{bmatrix} Q_1^{t+1} \\ Q_2^{t+1} \\ Q_3^{t+1} \\ Q_4^{t+1} \end{bmatrix} = \begin{bmatrix} C_2 & & & \\ C_3 & C_2 & & \\ C_0 C_3 & C_3 & C_2 & \\ (C_0)^2 C_3 & C_0 C_3 & C_3 & C_2 \end{bmatrix} \begin{bmatrix} Q_1^t \\ Q_2^t \\ Q_3^t \\ Q_4^t \end{bmatrix}
$$

$$
+ \begin{bmatrix} 1 & & & \\ C_0 & 1 & & \\ (C_0)^2 & C_0 & 1 & \\ (C_0)^3 & (C_0)^2 & C_0 & 1 \end{bmatrix} \begin{bmatrix} C_0 q_1^{t+1} + C_1 q_1^t \\ C_0 q_2^{t+1} + C_1 q_2^t \\ C_0 q_3^{t+1} + C_1 q_3^t \\ C_0 q_4^{t+1} + C_1 q_4^t \end{bmatrix}
$$

其中
$$
\begin{cases} C_0 = -\dfrac{b}{a} \\[2mm] C_1 = \dfrac{d}{a} \\[2mm] C_2 = \dfrac{c}{a} \\[2mm] C_3 = C_0 C_3 + C_1 \end{cases} \tag{4.32}
$$

可以发现马斯京根矩阵方程的表达就是一个线性动态系统：

$$
Q_{t+1} = \phi Q_t + B U_{t+1} \tag{4.33}
$$

其中

$$
\varphi_{i,j} = \begin{cases} 0 & i < j \\ C_{2,i} & i = j \\ C_{3,i} & i = j+1 \\ C_{0,i} \varphi_{i-1,j} & i > j+1 \end{cases}
$$

$$
b_{i,j} = \begin{cases} 0 & i < j \\ 1/a_j & i = j \\ C_{o,i} b_{i-1,j} & i > j \end{cases}
$$

$$U_i = d_i q_i^t - b_i q_i^{t+1}$$

基于马斯京根矩阵解法，构建卡尔曼滤波器的状态方程和量测方程，并赋予默认的初值 X_0、状态向量的滤波误差协方阵 P_0，如果系统稳定，X_0、P_0 的假定对滤波器的影响不大，它会很快收敛到与 X_0、P_0 无关的系统估值。Q、R 的初值可以根据各实测站历史资料样本统计方差得到。标准卡尔曼滤波法对亭下流域的分期后的入库流量进行校正，结果见表 4.2。评定次洪预报精度采用洪峰、洪量相对误差和确定性系数，即

径流深误差：
$$\Delta R = \frac{R_{cal} - R_{obs}}{R_{obs}} \times 100\% \tag{4.34}$$

洪峰流量误差：
$$\Delta Q_m = \frac{Q_{mcal} - Q_{mobs}}{Q_{mobs}} \times 100\% \tag{4.35}$$

表 4.2　　　　　　　　　　　卡尔曼滤波校正结果

分期	洪号	新安江模型模拟			卡尔曼滤波校正		
		$\Delta R / \%$	$\Delta Q_m / \%$	DC	$\Delta R / \%$	$\Delta Q_m / \%$	DC
梅汛期	31010623	−17.06	−17.46	0.40	−12.37	−26.27	0.64
	31000709	1.76	2.15	0.66	1.06	3.78	0.75
	31970707	−0.21	−3.05	0.9	−0.21	−4.35	0.93
	31950702	2.30	6.17	0.79	1.47	2.61	0.81
	31950428	7.94	1.69	0.76	5.60	3.30	0.84
	31930703	−12.85	−9.30	0.94	−9.41	−6.70	0.96
	31900623	5.61	−7.67	0.95	4.10	−7.04	0.96
	31900614	−48.93	−0.48	0.67	−36.26	0.29	0.78
	31890701	−7.48	1.40	0.87	−5.40	1.97	0.91
	31890521	−16.75	15.90	0.91	−12.35	10.43	0.95
	31890412	−4.18	3.12	0.94	−3.12	2.20	0.96
	31880617	12.35	3.93	0.87	8.92	3.01	0.92
	均值	−6.47	−0.31	0.84	−4.83	−1.40	0.87

续表

分期	洪号	新安江模型模拟			卡尔曼滤波校正		
		$\Delta R/\%$	$\Delta Q_m/\%$	DC	$\Delta R/\%$	$\Delta Q_m/\%$	DC
台汛期	31000913	0.61	−0.96	0.82	0.02	−4.04	0.9
	31000829	−7.13	8.85	0.86	−4.44	−4.23	0.92
	31970816	−2.14	0.10	0.92	−1.35	4.85	0.92
	31940821	14.63	1.03	0.68	9.25	1.89	0.8
	31920922	−4.78	−11.91	0.61	−3.03	−5.18	0.69
	31920830	−0.70	−8.95	0.89	−0.37	−1.27	0.89
	31900908	1.23	−17.06	0.96	0.77	−15.44	0.97
	31900904	−2.18	−5.54	0.91	−1.17	−0.81	0.93
	31900830	0.49	8.08	0.91	0.25	7.05	0.94
	31890912	−18.98	10.40	0.93	−11.86	0.99	0.95
	31890831	2.01	18.91	0.66	1.53	7.05	0.84
	31890818	−17.46	7.86	0.51	−10.74	−10.23	0.79
	31880807	36.99	−14.45	0.71	22.83	−7.30	0.7
	31880729	0.52	−15.81	0.5	0.27	−4.22	0.57
	均值	0.22	−1.37	0.81	0.14	−2.21	0.84

确定性系数：

$$DC = 1 - \frac{\sum_{t=1}^{n}(Q_{t-\text{cal}} - Q_{t-\text{obs}})^2}{\sum_{t=1}^{n}(Q_{t-\text{obs}} - \overline{Q}_{\text{obs}})^2} \tag{4.36}$$

式中：R_{cal} 为计算径流深；R_{obs} 为实测径流深；Q_{mcal} 为计算洪峰流量；Q_{mobs} 为实测洪峰流量；$Q_{t-\text{cal}}$ 为 t 时刻的计算流量；$Q_{t-\text{obs}}$ 为 t 时刻的实测流量；$\overline{Q}_{\text{obs}}$ 为实测的平均流量。洪峰和洪量的预报以实测洪峰和洪量的 20% 为许可误差。

结果分析与讨论：

（1）从总体上看，水文要素状态量校正的预报，较不做校正的预报精度要高。尤其是反映次洪整体过程吻合程度确定性系数 DC，每场洪水经校正后均有所提高。

（2）部分洪水经过校正后峰值相对误差反而增大，通过对卡尔曼滤波原理及马斯京根矩阵解法详细分析得出如下结论：

1）卡尔曼滤波主要由校正和预测两大步组成，校正即用本时刻的实测断面状态值校正上断面的出流值，并根据校正过的出流值，预测下一时刻的出口断面状态值。

2）通过马斯京根矩阵解法构造的卡尔曼滤波器的状态方程存在输入项 BU_{t+1}，及每个区间的入流量。

4.3.3　基于 Volterra 级数滤波器的实时校正方法

设实测值为 $Y(t)$，预报值为 $\hat{Y}(t)$，残差为 $X(t)$，则

$$Y(t)=\hat{Y}(t)+X(t) \tag{4.37}$$

本书将采用误差校正方法进行实时校正，令时间延迟为 τ，嵌入维数为 m，根据重构出来的相空间对其进行预报。

$$\{x(t),x(t+\tau),\cdots,x[t+(m-1)\tau]\}, \quad t=1,2,\cdots,n-(m-1)\tau \tag{4.38}$$

在各种非线性预测方法中，基于 Volterra 级数展式的非线性自适应滤波器被大量使用。基于混沌信号产生的确定性非线性机制以及大量的非线性系统可用 m 阶截断求和的 Volterra 级数来表征。即

$$y=a_0+\sum_{i=0}^{m-1}a_1(i)x(t-i)+\sum_{i=0}^{m-1}\sum_{j=0}^{m-1}a_2(i,j)x(t-i)x(t-j)+\cdots$$

$$+\sum_{i=0}^{m-1}\sum_{j=0}^{m-1}\cdots\sum_{k=0}^{m-1}a_k(i,j,\cdots,k)x(t-i)x(t-j)\cdots x(t-k) \tag{4.39}$$

式（4.39）由于综合利用了线性和非线性项，本质上属于参数辨识模型，较之其他非线性滤波模型具有更好的性能。通常使用二阶 Volterra 自适应滤波器对混沌序列进行拟合，本书引入自组织法求解，克服由于二阶 Volterra 自适应滤波器非线性耦合项较多而难以实现的问题，具体步骤如下：

为叙述方便，自变量向量 $X(t)$ 改用 $[x(1),\ x(2),\ \cdots,\ x(n)]$

表示，因变量改用 y 表示。任取其中二个自变量 x_i，x_j 构成二元多次多项式函数

$$z_k^{(1)} = G(x_i, x_j) \quad i \neq j \quad i,j \in [1,2,\cdots,m] \tag{4.40}$$

根据重构好的输入、输出数据集确定其中的系数。在第一层用输入、输出数据通过部分表达式得到各个中间变量后，按一定规则剔除效果较差的，留下较好的中间变量再作为输入，仍以 y 输出，以同样的方法回归出第二层的部分表达式：

$$z_k^{(2)} = G(z_i^{(1)}, z_j^{(1)}) \tag{4.41}$$

如此继续，一层一层筛选，直到找到近似程度满意的一层部分表达式为止。由于两个变量的二次多项式以多重迭加的形式，将它们依次代入，就可求得式（4.39）的形式（如有 s 层，y 就是原来输入变量的 2^s 次多项式）。具体步骤如下：

（1）在 m 个由时间延迟 τ 确定的自变量中，任取二个变量的组合，构造中间变量为

$$z_k = c_0 + c_1 x_i + c_2 x_j + c_3 x_i^2 + c_4 x_j^2 + c_5 x_i x_j, \quad k = 1, 2, \cdots, m(m-1)/2 \tag{4.42}$$

（2）在重构相空间的相点全集中选取一部分数据（称准备数据），按最小二乘原则，即由 $\min \sum_l (y_l - z_{kl})^2$ 确定 c_0，c_1，$\cdots$，c_5。式中 l 表示数据对数目。

（3）使用余下的一部分相点数据（校核数据），按求得的 c_i 系数计算式（4.43），再求出 z_k 计算值与实际校核数据的二乘误差，将误差由小到大的顺序排列，并取出前面 m 个 z_k 作为中间变量，其余中间变量舍去。

（4）取这些中间变量作为 x_i，重复上述过程。当校核数据的二乘误差不再改善时停止计算。

（5）将上述系数逐层回代，最终得到预测表达式。

采用互信息量法计算得到高频项时间延迟 $\tau = 4$，嵌入维数 $m = 7$，计算出最大 Lyapunov 指数为 0.012，证明残差序列 X 具有混沌特性。通过编程

计算可以得到，经七层迭代计算后二乘误差不再改善。从 $x(n-(m-1)\tau)$ 开始，令各时间延迟点 $\{x[n-(m-1)\tau],x[n-(m-2)\tau],\cdots,x(n)\}$ 的流量值分别为 $[x_0,x_1\cdots,x_6]$，则各层的表达式分别为

第一层：

$$z_0^{(1)}=0.125+0.134x_4-0.337x_6-4.6\times10^{-5}x_4^2-8.7\times10^{-5}x_6^2$$
$$-1.1\times10^{-5}x_4x_6$$

$$z_1^{(1)}=0.526-0.084x_2-0.364x_6-6.1\times10^{-5}x_2^2-8.1\times10^{-5}x_6^2$$
$$-1.4\times10^{-4}x_2x_6$$

$$z_2^{(1)}=0.214-0.029x_1-0.371x_6+4.6\times10^{-5}x_1^2-8.3\times10^{-5}x_6^2$$
$$+1.7\times10^{-4}x_1x_6$$

$$z_3^{(1)}=0.197+0.015x_3-0.371x_6+3.1\times10^{-5}x_3^2-9.5\times10^{-5}x_6^2$$
$$+2.4\times10^{-5}x_3x_6$$

$$z_4^{(1)}=0.522-0.108x_5-0.395x_6-5.3\times10^{-5}x_5^2-7.3\times10^{-5}x_6^2$$
$$+7.9\times10^{-5}x_5x_6$$

$$z_5^{(1)}=0.264+0.059x_0-0.382x_6+7\times10^{-6}x_0^2-1.1\times10^{-4}x_6^2$$
$$+1.2\times10^{-4}x_0x_6$$

$$z_6^{(1)}=-0.522-0.016x_1+0.202x_4+9\times10^{-6}x_1^2+7.9\times10^{-5}x_4^2$$
$$+3.04\times10^{-4}x_1x_4$$

第二层：

$$z_0^{(2)}=-0.116+0.18z_5^{(1)}+0.640z_6^{(1)}+5.4\times10^{-4}z_5^{(1)2}$$
$$-8.1\times10^{-4}z_6^{(1)2}+1.4\times10^{-4}z_5^{(1)}z_6^{(1)}$$

$$z_1^{(2)}=-0.142+0.928z_3^{(1)}+0.692z_6^{(1)}+7.8\times10^{-4}z_3^{(1)2}$$
$$-6.7\times10^{-4}z_6^{(1)2}-1.4\times10^{-3}z_3^{(1)}z_6^{(1)}$$

$$z_2^{(2)}=-0.426+0.141z_2^{(1)}+0.88z_4^{(1)}-2.2\times10^{-3}z_2^{(1)2}$$
$$+6.4\times10^{-4}z_4^{(1)2}-2.0\times10^{-3}z_2^{(1)}z_4^{(1)}$$

$$z_3^{(2)} = -0.46 - 0.036z_3^{(1)} + 1.04z_4^{(1)} + 3.0 \times 10^{-3} z_3^{(1)^2}$$
$$+ 1.9 \times 10^{-3} z_4^{(1)^2} - 4 \times 10^{-3} z_3^{(1)} z_4^{(1)}$$

$$z_4^{(2)} = -0.133 + 0.929z_1^{(1)} + 0.655z_6^{(1)} + 7.3 \times 10^{-4} z_1^{(1)^2}$$
$$- 4.96 \times 10^{-4} z_6^{(1)^2} - 1.77 \times 10^{-3} z_1^{(1)} z_6^{(1)}$$

$$z_5^{(2)} = -0.184 + 0.979z_0^{(1)} + 0.036z_3^{(1)} - 3.5 \times 10^{-3} z_0^{(1)^2}$$
$$- 3.2 \times 10^{-3} z_3^{(1)^2} + 7.6 \times 10^{-3} z_0^{(1)} z_3^{(1)}$$

$$z_6^{(2)} = -0.335 + 0.873z_0^{(1)} + 0.157z_2^{(1)} - 8.1 \times 10^{-5} z_0^{(1)^2}$$
$$+ 2.13 \times 10^{-3} z_2^{(1)^2} - 1.33 \times 10^{-3} z_0^{(1)} z_2^{(1)}$$

第三层：

$$z_0^{(3)} = 0.158 + 0.742z_0^{(2)} + 0.317z_3^{(2)} - 1.4 \times 10^{-4} z_0^{(2)^2}$$
$$- 2.9 \times 10^{-3} z_3^{(2)^2} + 2.9 \times 10^{-3} z_0^{(2)} z_3^{(2)}$$

$$z_1^{(3)} = 0.453 + 0.207z_3^{(2)} + 0.84z_6^{(2)} - 5.0 \times 10^{-3} z_3^{(2)^2}$$
$$- 3.5 \times 10^{-3} z_6^{(2)^2} + 7.9 \times 10^{-3} z_3^{(2)} z_6^{(2)}$$

$$z_2^{(3)} = 0.147 + 0.733z_0^{(2)} + 0.325z_2^{(2)} + 2.5 \times 10^{-4} z_0^{(2)^2}$$
$$- 1.8 \times 10^{-3} z_2^{(2)^2} + 1.3 \times 10^{-3} z_0^{(2)} z_1^{(2)}$$

$$z_3^{(3)} = 0.267 + 0.766z_1^{(2)} + 0.291z_2^{(2)} + 5.1 \times 10^{-4} z_1^{(2)^2}$$
$$- 1.0 \times 10^{-4} z_2^{(2)^2} - 1.0 \times 10^{-3} z_1^{(2)} z_2^{(2)}$$

$$z_4^{(3)} = 0.209 + 0.36z_2^{(2)} + 0.69z_5^{(2)} + 3.0 \times 10^{-4} z_2^{(2)^2}$$
$$+ 1.88 \times 10^{-3} z_5^{(2)^2} - 2.7 \times 10^{-3} z_2^{(2)} z_5^{(2)}$$

$$z_5^{(3)} = 0.268 + 0.776z_1^{(2)} + 0.28z_3^{(2)} + 1.4 \times 10^{-4} z_1^{(2)^2}$$
$$- 1.5 \times 10^{-3} z_3^{(2)^2} + 7.6 \times 10^{-3} z_1^{(2)} z_3^{(2)}$$

$$z_6^{(3)} = 0.375 + 0.245z_2^{(2)} + 0.803z_6^{(2)} - 2.8 \times 10^{-3} z_2^{(2)^2}$$
$$- 1.7 \times 10^{-3} z_6^{(2)^2} + 3.9 \times 10^{-3} z_2^{(2)} z_6^{(2)}$$

第四层：

$$z_0^{(4)} = -0.347 + 0.897 z_0^{(3)} + 0.094 z_1^{(3)} - 3.5 \times 10^{-4} z_0^{(3)^2}$$
$$-2.3 \times 10^{-3} z_1^{(3)^2} + 3.4 \times 10^{-3} z_0^{(3)} z_1^{(3)}$$

$$z_1^{(4)} = -0.337 + 0.985 z_0^{(3)} + 0.005 z_6^{(3)} + 8.75 \times 10^{-4} z_0^{(3)^2}$$
$$-7.4 \times 10^{-4} z_6^{(3)^2} + 4.8 \times 10^{-4} z_0^{(3)} z_6^{(3)}$$

$$z_2^{(4)} = -0.29 + 1.05 z_2^{(3)} - 0.06 z_6^{(3)} + 1.4 \times 10^{-3} z_2^{(3)^2}$$
$$+1.6 \times 10^{-3} z_6^{(3)^2} - 2.5 \times 10^{-3} z_2^{(3)} z_6^{(3)}$$

$$z_3^{(4)} = -0.29 + 0.082 z_1^{(3)} + 0.916 z_2^{(3)} - 3.0 \times 10^{-3} z_1^{(3)^2}$$
$$-2.8 \times 10^{-3} z_2^{(3)^2} + 6.4 \times 10^{-3} z_1^{(3)} z_2^{(3)}$$

$$z_4^{(4)} = -0.306 + 1.251 z_0^{(3)} - 0.25 z_4^{(3)} + 6.3 \times 10^{-3} z_0^{(3)^2}$$
$$+8.4 \times 10^{-3} z_4^{(3)^2} - 1.4 \times 10^{-2} z_0^{(3)} z_4^{(3)}$$

$$z_5^{(4)} = -0.272 + 1.2 z_2^{(3)} - 0.197 z_4^{(3)} + 7.4 \times 10^{-3} z_2^{(3)^2}$$
$$+1.2 \times 10^{-2} z_4^{(3)^2} - 1.9 \times 10^{-2} z_2^{(3)} z_4^{(3)}$$

$$z_6^{(4)} = -0.415 + 0.29 z_0^{(3)} + 0.68 z_3^{(3)} - 8.1 \times 10^{-3} z_0^{(3)^2}$$
$$-1.7 \times 10^{-3} z_3^{(3)^2} + 2.6 \times 10^{-2} z_0^{(3)} z_3^{(3)}$$

第五层：

$$z_0^{(5)} = 0.168 + 0.948 z_0^{(4)} + 0.056 z_2^{(4)} + 0.022 z_0^{(4)^2} + 0.013 z_2^{(4)^2}$$
$$-0.036 z_0^{(4)} z_2^{(4)}$$

$$z_1^{(5)} = 0.227 + 0.314 z_5^{(4)} + 0.708 z_6^{(4)} + 1.6 \times 10^{-3} z_5^{(4)^2}$$
$$+4.0 \times 10^{-3} z_6^{(4)^2} - 6.2 \times 10^{-3} z_5^{(4)} z_6^{(4)}$$

$$z_2^{(5)} = 0.272 - 0.414 z_3^{(4)} + 1.44 z_6^{(4)} + 1.1 \times 10^{-2} z_3^{(4)^2}$$
$$+1.4 \times 10^{-2} z_6^{(4)^2} - 2.6 \times 10^{-2} z_3^{(4)} z_6^{(4)}$$

$$z_3^{(5)} = 0.129 - 0.772 z_1^{(4)} + 1.784 z_4^{(4)} - 2.2 \times 10^{-2} z_1^{(4)^2}$$

$$-3.5\times10^{-2}z_4^{(4)^2}+5.7\times10^{-2}z_1^{(4)}z_4^{(4)}$$

$$z_4^{(5)}=0.167-0.019z_0^{(4)}+1.03z_4^{(4)}+0.01z_0^{(4)^2}-1.1\times10^{-3}z_4^{(4)^2}$$

$$-9.2\times10^{-3}z_0^{(4)}z_4^{(4)}$$

$$z_5^{(5)}=0.013-0.37z_0^{(4)}+1.38z_5^{(4)}-0.02z_0^{(4)^2}-0.02z_5^{(4)^2}+0.04z_0^{(4)}z_5^{(4)}$$

$$z_6^{(5)}=0.24-0.67z_3^{(4)}+1.69z_4^{(4)}-0.02z_3^{(4)^2}-0.03z_4^{(4)^2}+0.04z_3^{(4)}z_4^{(4)}$$

第六层：

$$z_0^{(6)}=0.166+1.453z_5^{(5)}-0.4z_6^{(5)}+0.05z_5^{(5)^2}+0.04z_6^{(5)^2}$$

$$-0.09z_5^{(5)}z_6^{(5)}$$

$$z_1^{(6)}=-0.01+0.549z_2^{(5)}+0.467z_6^{(5)}+3.8\times10^{-3}z_2^{(5)^2}$$

$$+2.8\times10^{-3}z_6^{(5)^2}-6.7\times10^{-3}z_2^{(5)}z_6^{(5)}$$

$$z_2^{(6)}=-0.133+0.614z_1^{(5)}+0.395z_4^{(5)}+0.012z_1^{(5)^2}+0.016z_4^{(5)^2}$$

$$-0.03z_1^{(5)}z_4^{(5)}$$

$$z_3^{(6)}=-0.018+0.409z_2^{(5)}+0.648z_3^{(5)}+0.011z_2^{(5)^2}+0.01z_3^{(5)^2}$$

$$-0.022z_2^{(5)}z_3^{(5)}$$

$$z_4^{(6)}=-0.139+0.268z_0^{(5)}+0.727z_6^{(5)}-1.5\times10^{-3}z_0^{(5)^2}$$

$$-2.9\times10^{-3}z_6^{(5)^2}+4.7\times10^{-3}z_0^{(5)}z_6^{(5)}$$

$$z_5^{(6)}=-0.037+0.485z_2^{(5)}+0.554z_4^{(5)}+0.011z_2^{(5)^2}+0.011z_4^{(5)^2}$$

$$-0.022z_2^{(5)}z_4^{(5)}$$

$$z_6^{(6)}=-0.148+0.745z_1^{(5)}+0.253z_6^{(5)}-4\times10^{-3}z_1^{(5)^2}$$

$$-3.6\times10^{-3}z_6^{(5)^2}+8.2\times10^{-3}z_1^{(5)}z_6^{(5)}$$

第七层：

$$z_0^{(7)}=0.168+1.553z_5^{(6)}-0.5z_6^{(6)}+0.07z_5^{(6)^2}+0.05z_6^{(6)^2}-0.08z_5^{(6)}z_6^{(6)}$$

完全表达式（预测式）为

$$y = z_0^{(7)}$$

从表 4.3 可以看出，经过校正后预报洪峰流量与实测流量之间的差值进一步缩小，但峰现时刻没有得到改变。

表 4.3　　　　　　　　　**预 报 值 对 比**

洪水场次	实 测 值		预 报 值		预报值校正	
	洪峰流量 /(m³/s)	峰现时刻	洪峰流量 /(m³/s)	峰现时刻	洪峰流量 /(m³/s)	峰现时刻
20060519	617	2006 年 5 月 18 日 20 时	713	2006 年 5 月 18 日 21 时	664	2006 年 5 月 18 日 21 时
20070614	499	2007 年 6 月 14 日 16 时	620	2007 年 6 月 14 日 16 时	591	2007 年 6 月 14 日 16 时
20071009	1218	2007 年 10 月 8 日 14 时	1334	2007 年 10 月 8 日 16 时	1286	2007 年 10 月 8 日 16 时
20080610	641	2008 年 6 月 9 日 20 时	697	2008 年 6 月 9 日 21 时	668	2008 年 6 月 9 日 20 时

第5章　水库群防洪调度研究

5.1　概述

　　水库防洪调度的主要任务是确保工程安全，有效地利用防洪库容拦蓄洪水、削减洪峰、减免洪水灾害、正确处理防洪与兴利的矛盾，充分发挥水库的综合效益。水库防洪优化调度具有多约束、高维和非线性等特点，其调度的主要目的是利用高效的优化算法，研究水库在有下游防洪任务时的洪水调度方案，为管理层对水库的蓄洪、泄洪决策提供技术依据。

　　水库（群）优化调度的一般方法于20世纪40年代在国外提出，50年代中期创立了系统工程在水库（群）优化调度中得到广泛应用。随着数学规划理论的日渐完善和计算机技术的应用，优化调度方法更加丰富。几十年来，经过国内外的研究，形成了几种较为成熟、应用较多的水库调度优化技术。即数学规划法（线性规划、非线性规划、混合整数规划、网络流规划和动态规划）、进化算法（遗传算法、粒子群算法）、模拟算法（人工神经网络、模拟退火算法、混沌优化算法、禁忌搜索算法）、大系统分解协调算法。

5.2　梯级水库（群）防洪优化调度数学模型

　　目前，我国大多数水库防洪调度仍采用半经验、半理论的常规调度方法进行调度，虽然操作直观方便、有一定可靠性，但由于调度图的绘制带有一定的经验性，亦有不足：①难以解决流域整体的防洪调度问题，当流域内水库众多、水力联系复杂时尤为突出，调度结果仅为局部最优解而非全局最优解；②通常仅能得到可行解，而非最优解。

　　水库调度本质上是一个带不等式约束的非线性优化问题。在求解过程中，通常把水库的泄量作为决策变量，而把水库的库水位（或蓄水量）作为状态变量进行寻优。但水库系统是一个动态非平衡系统，内部的关系比较复杂，约束条件相对较多，这使得水库调度问题较一般的非线性约束优化更为复杂和难于求解。鉴此，本书从流域防洪角度出发，构建了两阶段多维逐步优化模型，将一个复杂的多目标优化问题分解为两阶段求解，确保了调度决策的可行性与合理性。

5.2.1　目标函数

　　水库防洪调度最优准则通常有以下三种形式：①最大削峰准则；②最短洪淹历时准则；③最小洪灾损失或最小防洪费用准则。一般来说，水库调度的目的是使下泄洪峰流量削减最多作为水库防洪调度的评判标准，在防洪库容有限或已定的情况下，常采用最大削峰准则。对于 n 个串联水库，n 个防洪点（图5.1）的目标函数如下：

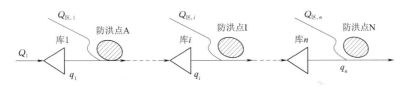

图 5.1　n 个串联水库

不考虑区间补偿时：

$$\min\int_{t_0}^{t_d}\left[q_1^2(t)+q_2^2(t)+\cdots+q_{n-1}^2(t)+q_n^2(t)\right]\mathrm{d}t \tag{5.1}$$

考虑区间补偿时：

$$\min\int_{t_0}^{t_d}\{\left[(q_1(t)+Q_{\text{区},1}(t))\right]^2+\left[q_2(t)+Q_{\text{区},2}(t)\right]^2+\cdots$$

$$+\left[q_{n-1}(t)+Q_{\text{区},n-1}(t)\right]^2+\left[q_n(t)+Q_{\text{区},n}(t)\right]^2\}\mathrm{d}t \tag{5.2}$$

式中：$q_n(t)$ 为第 n 个水库在第 t 时刻的出库流量；$Q_{\text{区},n}(t)$ 为第 n 个水库至下游水库或防洪点的区间流量；t_0 为调度期初时刻；t_d 为调度期末时刻。

5.2.2　约束条件

（1）水量平衡约束为

$$V(t)=V(t-1)+\left[\frac{Q(t)+Q(t-1)}{2}+\frac{q(t)+q(t-1)}{2}\right]\Delta t \quad (5.3)$$

式中：$V(t)$、$V(t-1)$ 为第 t 时段始末的水库库容；$Q(t)$、$Q(t-1)$ 为第 t 时段始末的入库流量；$q(t)$、$q(t-1)$ 为第 t 时段始末的出库流量；Δt 为时段长。

（2）水库最高水位约束为

$$Z(t)\leqslant Z_m(t) \quad (5.4)$$

式中：$Z(t)$ 为第 t 时段末的计算水库水位；$Z_m(t)$ 为第 t 时段末的允许最高水位。

（3）调度期末水位约束为

$$Z_{\text{end}}=Z_e \quad (5.5)$$

式中：Z_{end} 为调度期末水库库水位；Z_e 为调度期末的控制水位。

（4）水库下泄能力约束为

$$q(t)\leqslant q[Z(t)] \quad (5.6)$$

式中：$q(t)$ 为第 t 时段始末的出库流量；$q[Z(t)]$ 为第 t 时段始末相应于水位 $Z(t)$ 的下泄流量。

（5）上下库之间的水力联系为

$$Q_2(t)=q_1(t)+Q_{\text{区},1}(t) \quad (5.7)$$

式中：$Q_2(t)$ 为第 t 时段末下库的入库流量；$q_1(t)$ 为第 t 时段末上库的下泄流量；$Q_{\text{区},1}(t)$ 为第 t 时段末 1、2 库之间区间流量。

（6）水库水位非负约束为

$$Z(t)\geqslant 0 \quad (5.8)$$

式中：$Z(t)$ 为第 t 时段末的计算水库水位。

上述约束条件体现了水库防洪调度中相关要求。

5.2.3 逐步优化算法 POA 与黄金分割法联合求解

POA 主要用于解决多阶段的动态决策问题，每项决策集合相对于初始值和终止值都是最优的，POA 收敛到全局最优解，且解唯一。本书应用 POA 进行水库防洪调度，以水库水位为决策变量，为方便描述，以单一水库为例描述该算法的求解步骤。

目标函数为

$$\min F = \sum_{t=1}^{T} \left[q^2(t) \right] \Delta t \tag{5.9}$$

其中 $t = 1, 2, 3, 4, \cdots, n$，初始水位 Z_0 和终止水位 Z_n 已知，计算步骤如下：

（1）在水库水位允许变化范围内，拟定一条初始调度线 $Z_1, Z_2, Z_3, \cdots, Z_n$ ［图 5.2 (a)］。

（2）取两个时段 Δt_n 和 Δt_{n-1}，固定水位 Z_n 和水位 Z_{n-2} 以及其之前的水位，寻求水位 Z'_{n-1}，使 Δt_n 和 Δt_{n-1} 两时段内的目标函数达到最优，即

$$F = \min \left[q^2(t-1) + q^2(t) \right] \Delta t \tag{5.10}$$

则相应的水位 Z_{n-1} 变为 Z'_{n-1}，得到新轨迹 $Z_1, Z_2, \cdots, Z_{n-2}, Z'_{n-1}, Z_n$ ［图 5.2 (b)］。

（3）向左滑动一个时段，固定水位 Z_n、Z_{n-1} 和水位 Z_{n-3} 及其之前的水位，寻优水位 Z'_{n-2}，使 Δt_{n-1} 和 Δt_{n-2} 两时段目标函数最小。可求得优化调度线 $Z_1, Z_2, \cdots, Z_{n-3}, Z'_{n-2}, Z_{n-1}, Z_n$ ［图 5.2 (c)］。

（4）同理，依次向左滑动，直到得到优化调度线 $Z_1, Z'_2, \cdots, Z'_{n-2}, Z'_{n-1}, Z_n$ 为止 ［图 5.2 (d)］。

（5）反复迭代至收敛，如果求得的优化调度线与初始调度线不满足精度要求，则令初始调度线为 $Z_1, Z'_2, \cdots, Z'_{n-2}, Z'_{n-1}, Z_n$，回到第（2）步继续迭代，直到满足精度要求为止。

其流程如图 5.3 所示。

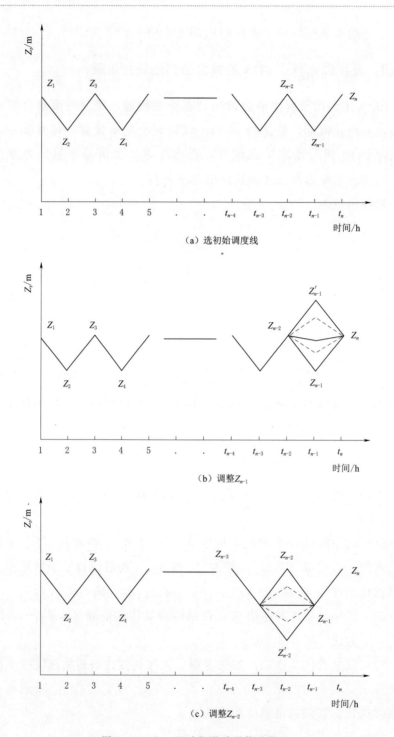

（a）选初始调度线

（b）调整Z_{n-1}

（c）调整Z_{n-2}

图 5.2（一）　两时段滑动寻优法优选

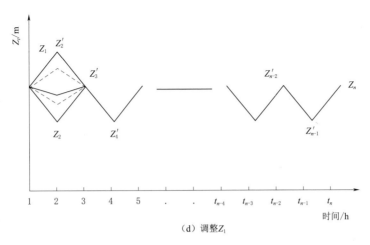

（d）调整Z_1

图 5.2（二） 两时段滑动寻优法优选

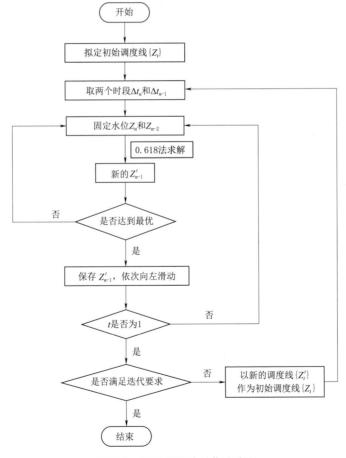

图 5.3 两时段滑动寻优法流程

5.2.4 应用算例

应用水库优化调度的理论、模型和 POA 算法，结合梯级水库的特点，进行实例计算并作详细的分析，探索寻求此梯级水库优化调度的最合理调度模式，为生产调度实际提供理论依据和技术支持。

梯级水库由水库 1 与水库 2 组成，下游水库 2 的入库洪水从原来的天然洪水变成了由水库 1 调蓄后的泄流过程与水库 1、水库 2 区间的洪水过程叠加而成的洪水过程。由于水库 1 流域面积占水库 2 坝址以上集水面积近 51%，因此水库 1 调度对下游防洪也起到重要作用。串联水库 1、水库 2 及防洪点 A、B 的位置如图 5.4 所示。

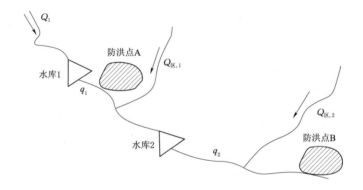

图 5.4 两串联水库及防洪点

水库 1 控制流域面积为 $132km^2$，主流长为 $30.63km$，是一座供水、防洪结合发电的综合利用大（2）型水利工程，水库设置防洪库容为 2290 万 m^3。

水库 2 是一座以防洪、灌溉为主的综合利用的大（2）型水利工程，防洪库容为 4583 万 m^3。水库下游河道设计防洪标准为 20 年一遇，相应安全泄量为 $500m^3/s$。

（1）梯级水库的目标函数为

$$\min \sum_{t=1}^{T} \{q_1^2(t) + [q_2(t) + q_{\text{区},2}(t)]^2\} \Delta t \qquad (5.11)$$

（2）梯级水库的约束条件见表 5.1。

表 5.1 两库的约束条件

水库	起调水位 /m	最大下泄量 /(m³/s)	最高控制水位 /m	调度期末控制 水位/m	收敛精度 /m
水库 1	227.13	280	237.89	227.13	0.001
水库 2	60.18	500	77.22	60.18	0.001

（3）计算结果见表 5.2～表 5.4，演算图如图 5.5～图 5.7 所示。

表 5.2 两库的调洪计算结果

水 库	水库 1	水库 2
洪峰/(m³/s)	1475.56	1520.38
最高水位/m	237.89	68.03
最大泄量/(m³/s)	217.68	476.02

表 5.3 水库 1 POA 算法与常规算法计算结果

时 间/h	139	140	141	142	143	144	145	146	147	148
来水量/(m³/s)	674.16	1272.04	1475.56	1296.67	1049.17	810.16	607.22	450.11	333.2	247.74
POA 下泄量/(m³/s)	214.52	214.57	214.5	214.61	214.54	214.52	214.56	214.57	214.55	214.59
常规下泄量/(m³/s)	280	280	280	280	280	280	280	280	280	280
时 间/h	149	150	151	152	153	154	155	156	157	158
来水量/(m³/s)	185.94	141.29	109.09	85.85	69.09	57.06	48.5	42.47	38.35	35.82
POA 下泄量/(m³/s)	178.49	148.77	101.64	101.65	101.68	101.72	101.66	101.7	101.63	101.63
常规下泄量/(m³/s)	280	280	280	280	280	280	280	280	280	280
时 间/h	159	160	161	162	163	164	165	166	167	168
来水量/(m³/s)	34.53	33.85	34.94	37.74	43.46	86	118.04	124.01	119.35	109.23
POA 下泄量/(m³/s)	101.61	101.55	101.53	101.49	101.46	101.46	101.41	101.37	101.29	101.22
常规下泄量/(m³/s)	280	280	280	280	280	280	280	280	280	280
时 间/h	169	170	171	172	173	174	175	176	177	178
来水量/(m³/s)	96.82	84.37	72.81	62.42	53.4	45.73	39.09	33.45	28.73	24.78
POA 下泄量/(m³/s)	101.12	101.1	101.11	101.02	100.99	100.88	100.88	100.78	100.73	100.69
常规下泄量/(m³/s)	280	280	280	280	280	280	280	280	280	27

表5.4　　　　　　　　　　　　水库2 POA算法计算结果

时 间/h	139	140	141	142	143	144	145	146	147	148
来水量/(m^3/s)	824.31	1334.85	1520.38	1386.91	1190.37	995.67	829.97	697.27	596.67	521.83
POA下泄量/(m^3/s)	466.95	467.02	441.77	444.54	443.88	444.12	443.97	442.95	441.75	440.02
时 间/h	149	150	151	152	153	154	155	156	157	158
来水量/(m^3/s)	432.32	320.87	255.22	233.13	216.77	204.68	195.86	189.51	184.95	182.01
POA下泄量/(m^3/s)	394.18	323.2	270.7	269.75	269.37	268.89	268.77	268.52	268.61	268.77
时 间/h	159	160	161	162	163	164	165	166	167	168
来水量/(m^3/s)	180.29	180.98	182.57	182.93	182.38	214.28	237.18	237.23	227.5	212.65
POA下泄量/(m^3/s)	268.86	269.03	269.26	269.25	269.5	269.66	269.8	269.92	269.99	270.16
时 间/h	169	170	171	172	173	174	175	176	177	178
来水量/(m^3/s)	195.33	177.96	161.27	146.24	133.15	122.31	113.81	108.5	103.95	100.09
POA下泄量/(m^3/s)	270.49	270.58	270.68	271.04	271.06	271.15	271.39	271.11	273.91	278.31

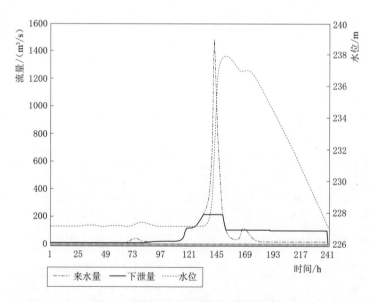

图5.5　水库1 POA算法调洪演算图

为了验证该算法的高效性，选取水库1的调度结果作为检验，将计算结果与常规调度（表5.3、图5.5、图5.6）在相同的初始条件下所得

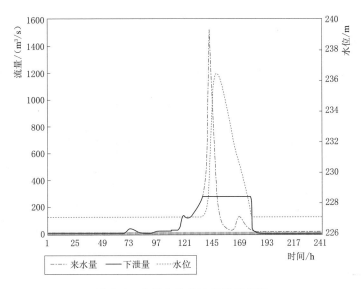

图 5.6　水库 1 常规法调洪演算图

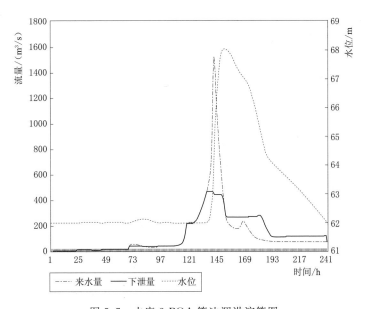

图 5.7　水库 2 POA 算法调洪演算图

到的方案进行比较。从表 5.3 及图 5.5 与图 5.6 可以看出，利用 POA 算法求得的最大下泄量比常规法求得的小，且出现的时间比常规调度出现的时间要提前，削峰效果比较明显，下泄过程较常规的均匀，流量变幅较小。POA 算法使得水库在最高水位满足要求的前提下，下泄量尽可能均匀的达到尽量大的削峰目的，在满足流域下游防洪要求的同时尽可能大的进行下泄，从而在一定程度上降低了下游的防洪风险，提高了水库的防洪效益。实例应用结果表明，较之常规调度方法，POA 算法计算速度快、结果优越，为流域防洪优化调度提供了有效途径。

5.3　具有守恒特性的洪水演进数值模型

5.3.1　概述

复杂地形条件下的洪水演进数值模型的开发是近年来的研究热点。一个好的洪水模型需要具有三个特点：①能够保证模型的数值和谐性，即保持流速为 0，水位为常数的恒定状态；②能够始终保持计算水深是非负的；③能够准确模拟洪水在复杂地形条件下的干湿变化现象。然而，对于复杂地形条件下的洪水演进计算，现有的大部分洪水模型都无法同时拥有以上三个特点。尤其是对于保证计算水深的非负性，大部分的洪水模型在干湿边界处都会产生负水深，必须采用相应的方法处理负水深来保证模型的稳定性。目前，对于负水深的处理主要有两种方法：一种方法是直接将产生负水深单元的水深和流速置零，这种方法比较简单和方便，但无法保证总体水量的守恒；另一种方法是通过对产生负水深的单元进行水量重新分配来保证总体水量的守恒和模型的稳定。这种处理负水深的方法一方面给编制程序带来很大的困难和不便，另一方面，打破了负水深单元附近局部区域动量方程的守恒特性。

因此，本书基于有限体积法，采用中心迎风格式建立了具有守恒特性的洪水演进数值模型。该模型一方面继承了中心迎风格式计算简单，精度高以及激波捕捉能力强的优点，另一方面很好地解决了上述提到的问题。该模型采用中心迎风格式求解界面通量，并结合对界面变量的线性重构，使其具有空间上的二阶精度。分别采用中心差分方法和半隐式方法对底床坡度项和摩擦阻力项进行离散，保证了模型的和谐性和稳定性。采用干湿界面上水深非负性重构方法以及局部地形高程改变方法来准确地模拟水流干湿变化的过程。该模型能够保证数值格式的和谐性，即使计算区域中包含干区域时，该模型依然能够保证静水状态。同时，该模型被证明能够保证计算水深的非负性，无须对负水深单元进行特殊处理。因此，相比于现有的大部分洪水模型，该模型具有更强的鲁棒性和稳定性。

5.3.2 控制方程

对于洪水演进的模拟，通常采用具有守恒形式的二维浅水方程进行描述，其形式为

$$\frac{\partial \boldsymbol{q}}{\partial t}+\frac{\partial \boldsymbol{f}}{\partial x}+\frac{\partial \boldsymbol{g}}{\partial y}=\boldsymbol{s} \tag{5.12}$$

其中：

$$\boldsymbol{q}=\begin{bmatrix} h \\ hu \\ hv \end{bmatrix}, \boldsymbol{f}=\begin{bmatrix} hu \\ hu^2+\dfrac{1}{2}gh^2 \\ huv \end{bmatrix}, \boldsymbol{g}=\begin{bmatrix} hv \\ huv \\ hv^2+\dfrac{1}{2}gh^2 \end{bmatrix}, \boldsymbol{s}=\begin{bmatrix} 0 \\ -gh\,\dfrac{\partial z_b}{\partial x}-S_{fx} \\ -gh\,\dfrac{\partial z_b}{\partial y}-S_{fy} \end{bmatrix}$$

$$\tag{5.13}$$

式中：t 为时间变量；x 和 y 分别为水平横向坐标和纵向坐标；$\boldsymbol{q}$ 为守恒变量；$\boldsymbol{f}$ 和 $\boldsymbol{g}$ 分别为 x 方向和 y 方向的通量；$\boldsymbol{s}$ 为源项；u 和 v 分别为 x 方向和 y 方向的流速；g 为重力加速度；h 为水深；z_b 为底床高程；$\partial z_b/\partial x$ 和 $\partial z_b/\partial y$ 为底床的坡度；S_{fx} 和 S_{fy} 为底床摩擦项，可以表示为

$$\begin{cases} S_{fx}=\dfrac{gu\,\sqrt{u^2+v^2}\,n^2}{h^{1/3}} \\[3mm] S_{fy}=\dfrac{gv\,\sqrt{u^2+v^2}\,n^2}{h^{1/3}} \end{cases} \tag{5.14}$$

式中：n 为曼宁糙率系数。

5.3.3　数值计算方法

1. 控制方程的离散

基于结构网格（图 5.8），采用有限体积法对控制方程进行离散，时间上采用了一阶精度的欧拉法，则控制方程式（5.12）被离散为

$$q_{i,j}^{n+1} = q_{i,j}^{n} - \frac{\Delta t}{\Delta x}(f_{i+1/2,j} - f_{i-1/2,j}) - \frac{\Delta t}{\Delta y}(g_{i,j+1/2} - g_{i,j-1/2}) + \Delta t S_{i,j}$$

$$(5.15)$$

式中：上标 n 为时间步，下标 i，j 为单元的序号；Δt 为时间步长；Δx 和 Δy 分别为网格 x 方向和 y 方向的尺寸；$f_{i-1/2,j}$ 和 $f_{i+1/2,j}$ 分别为网格交接面 $(i-1/2，j)$ 和 $(i+1/2，j)$ 的通量；$g_{i,j+1/2}$ 和 $g_{i,j-1/2}$ 分别为网格交接面 $(i，j+1/2)$ 和 $(i，j-1/2)$ 的通量；$S_{i,j}$ 为单元 $(i，j)$ 在单元中心的源项。

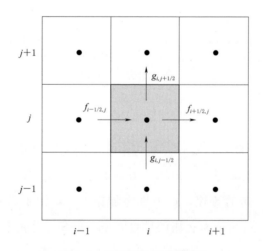

图 5.8　控制单元和计算网格

2. 界面变量的线性重构

为了保证模型的和谐性和空间上的二阶精度，采用了非负水深线性重构技术，采用该方法能够有效处理洪水在复杂地形条件下的干湿变化问题，具体过程如下：

首先对相应界面的黎曼变量进行线性重构，以单元界面 $(i+1，j)$

为例，则界面（$i+1/2$，j）左边黎曼变量为

$$\begin{cases} \overline{\boldsymbol{q}}_{i+1/2,j}^{L} = \boldsymbol{q}_{i,j} + \dfrac{\varphi_{i,j}}{2}(\boldsymbol{q}_{i,j} - \boldsymbol{q}_{i-1,j}) \\[3mm] \overline{h}_{i+1/2,j}^{L} = h_{i,j} + \dfrac{\varphi_{i,j}}{2}(h_{i,j} - h_{i-1,j}) \end{cases} \tag{5.16}$$

式中：上标 L 为界面的左边；$\varphi_{i,j}$ 为单元（i，j）对应的坡度限制函数。为了保证模型的稳定性，本书采用了 minmod 限制器。

因此，界面（$i+1/2$，j）左边的底床高程为

$$(\overline{z}_b)_{i+1/2,j}^{L} = \overline{\eta}_{i+1/2,j}^{L} - \overline{h}_{i+1/2,j}^{L} \tag{5.17}$$

对应界面上的左边流速可以采用下式进行计算：

$$u_{i+1/2,j}^{L} = (\overline{hu})_{i+1/2,j}^{L} / (\overline{h})_{i+1/2,j}^{L} \qquad v_{i+1/2,j}^{L} = (\overline{hv})_{i+1/2,j}^{L} / (\overline{h})_{i+1/2,j}^{L}$$

$$\tag{5.18}$$

当相应的重构水深 $(\overline{h})_{i+1/2,j}^{L} < 10^{-6} m$ 时，对应界面上的流速直接等于 0。同理，采用同样的方法可以得到界面（$i+1/2$，j）右边变量 $\overline{\boldsymbol{q}}_{i+1/2,j}^{R}$，$\overline{h}_{i+1/2,j}^{R}$，$(\overline{z}_b)_{i+1/2,j}^{R}$，$u_{i+1/2,j}^{R}$ 以及 $v_{i+1/2,j}^{R}$ 相应的值。

则界面（$i+1/2$，j）的底床高程定义为

$$(z_b)_{i+1/2,j} = \max\{(\overline{z}_b)_{i+1/2,j}^{L}, (\overline{z}_b)_{i+1/2,j}^{R}\} \tag{5.19}$$

因此，界面（$i+1/2$，j）左边黎曼变量需要重新定义为

$$h_{i+1/2,j}^{L} = \max\{0, \overline{\eta}_{i+1/2,j}^{L} - (z_b)_{i+1/2,j}\} \qquad \eta_{i+1/2,j}^{L} = h_{i+1/2,j}^{L} + (z_b)_{i+1/2,j}$$

$$(hu)_{i+1/2,j}^{L} = h_{i+1/2,j}^{L} u_{i+1/2,j}^{L} \qquad\qquad (hv)_{i+1/2,j}^{L} = h_{i+1/2,j}^{L} v_{i+1/2,j}^{L}$$

$$\tag{5.20}$$

采用同样的方法，重新定义界面（$i+1/2$，j）右边黎曼变量。因此，采用上述重构方法能够始终保持重构得到的单元界面两侧水深始终为非负的。

3. 中心迎风格式计算通量

重构好单元界面两边的黎曼变量后，采用中心迎风格式对界面通量进行计算：

$$f_{i+1/2,j} = \frac{a_{i+1/2,j}^+ f[q_{i+1/2,j}^L,(z_b)_{i+1/2,j}] - a_{i+1/2,j}^- f[q_{i+1/2,j}^R,(z_b)_{i+1/2,j}]}{a_{i+1/2,j}^+ - a_{i+1/2,j}^-}$$

$$+ \frac{a_{i+1/2,j}^+ a_{i+1/2,j}^-}{a_{i+1/2,j}^+ - a_{i+1/2,j}^-}(q_{i+1/2,j}^R - q_{i+1/2,j}^L) \tag{5.21}$$

$$g_{i,j+1/2} = \frac{b_{i,j+1/2}^+ f[q_{i,j+1/2}^L,(z_b)_{i,j+1/2}] - b_{i,j+1/2}^- f[q_{i,j+1/2}^R,(z_b)_{i,j+1/2}]}{b_{i,j+1/2}^+ - b_{i,j+1/2}^-}$$

$$+ \frac{b_{i,j+1/2}^+ b_{i,j+1/2}^-}{b_{i,j+1/2}^+ - b_{i,j+1/2}^-}(q_{i,j+1/2}^R - q_{i,j+1/2}^L) \tag{5.22}$$

式中：$a_{i+1/2,j}^+$、$a_{i+1/2,j}^-$、$b_{i,j+1/2}^+$ 和 $b_{i,j+1/2}^-$ 为单方向局部波的传播速度，分别可以采用以下公式进行计算：

$$a_{i+1/2,j}^+ = \max\{u_{i+1/2,j}^R + \sqrt{gh_{i+1/2,j}^R}, u_{i+1/2,j}^L + \sqrt{gh_{i+1/2,j}^L}, 0\} \tag{5.23}$$

$$a_{i+1/2,j}^- = \min\{u_{i+1/2,j}^R - \sqrt{gh_{i+1/2,j}^R}, u_{i+1/2,j}^L - \sqrt{gh_{i+1/2,j}^L}, 0\} \tag{5.24}$$

$$b_{i,j+1/2}^+ = \max\{v_{i,j+1/2}^R + \sqrt{gh_{i,j+1/2}^R}, v_{i,j+1/2}^L + \sqrt{gh_{i,j+1/2}^L}, 0\} \tag{5.25}$$

$$b_{i,j+1/2}^- = \min\{v_{i,j+1/2}^R - \sqrt{gh_{i,j+1/2}^R}, v_{i,j+1/2}^L - \sqrt{gh_{i,j+1/2}^L}, 0\} \tag{5.26}$$

4. 源项处理

源项主要包括底床坡度项和摩擦阻力项。对于底床坡度项，采用了中心差分方法进行离散，因此，底床坡度项可以离散为

$$g(\eta - z_b)\frac{\partial z_b}{\partial x} = g\frac{(z_b)_{i+1/2,j} - (z_b)_{i-1/2,j}}{\Delta x} \cdot \frac{h_{i+1/2,j}^L + h_{i-1/2,j}^R}{2} \tag{5.27}$$

$$g(\eta - z_b)\frac{\partial z_b}{\partial y} = g\frac{(z_b)_{i,j+1/2} - (z_b)_{i,j-1/2}}{\Delta y} \cdot \frac{h_{i,j+1/2}^L + h_{i,j-1/2}^R}{2} \tag{5.28}$$

对于摩擦阻力项的处理，采用了半隐式的方法进行离散，因此，摩擦阻力项可以离散为

$$S_{fx} = \frac{gu\sqrt{u^2+v^2}\,n^2}{h^{1/3}} = \left(\frac{g\sqrt{u^2+v^2}\,n^2}{h^{4/3}}\right)^k (hu)^{k+1} \tag{5.29}$$

$$S_{fy} = \frac{gv\sqrt{u^2+v^2}\,n^2}{h^{1/3}} = \left(\frac{g\sqrt{u^2+v^2}\,n^2}{h^{4/3}}\right)^k (hv)^{k+1} \qquad (5.30)$$

式中：k 为某一时间层。

5. 稳定条件

由于采用显式格式对浅水方程进行求解，因此计算所采用的时间步长必须满足 CFL 限制条件。当单元界面两侧的重构水深非负时，采用中心迎风格式只需满足库朗特数小于 0.25 就能够保证在任何时刻计算水深都是非负的，同时，能够保证整个模型是稳定的。因此，对于相应的网格尺寸，所采用的时间步长必须满足：

$$N_{cfl} = \max_{i,j}\left[\frac{\Delta t}{\Delta x}(|u| + \sqrt{gh}), \frac{\Delta t}{\Delta y}(|v| + \sqrt{gh})\right] \leqslant 0.25 \quad (5.31)$$

5.3.4　模型的验证和应用

1. 复杂地形下的静水算例

本算例主要是用来验证模型在非平坦地形下的和谐性。假设一个光滑的矩形水槽，长宽分别为 8000m，四周为固壁。槽底的地形高程定义为

$$z_b(x,y) = \max\{0, z_{b1}, z_{b2}\} \qquad (5.32)$$

其中，z_{b1} 和 z_{b2} 分别定义如下：

$$z_{b1} = 2000 - 0.00032[(x-3000)^2 + (y-5000)^2] \qquad (5.33)$$

$$z_{b2} = 900 - 0.000144[(x-5000)^2 + (y-3000)^2] \qquad (5.34)$$

水槽内初始水位为 1000m，因此，水槽中的峰丘有一部分露出水面。采用 100×100 个矩形网格对计算区域进行剖分，时间步长采用自适应时间步长，总模拟时间为 5000s。图 5.9 为 5000s 时水槽内的水面情况，图 5.10（a）和图 5.10（b）分别表示 5000s 时水位和流量在截面 $y=4000$m 上的分布情况。由图 5.10 可知，经过 5000s 后，模型的计算水位未发生变化，流速也始终保持为 0，即保持在初始时刻的静水情况。因此，上述结果表明该模型能够有效地保证底坡源项与界面通量的平衡，即模型满足数值和谐性。

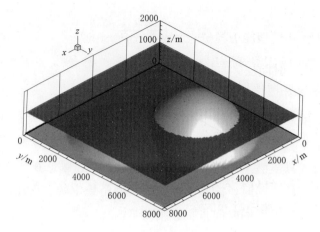

图 5.9　5000s 时水槽内的水面情况

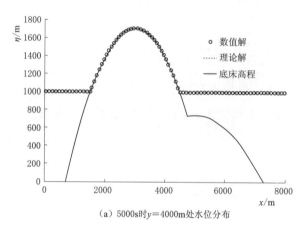

（a）5000s 时 $y=4000m$ 处水位分布

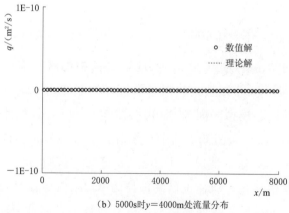

（b）5000s 时 $y=4000m$ 处流量分布

图 5.10　水位及流量分布

2. 实例应用

为了验证该模型能否模拟实际地形下洪水的运动，本书选取了浙江省某大坝，该坝坝顶高程为 113.8m，最大坝高为 78.8m，坝长为 308.0m，流域集雨面积为 247km^2。

本书采用 462×349 个矩形网格（$\Delta x = \Delta y = 40$m）对计算区域进行剖分。水库内的初始水位为 112.85m，下游为干河床，所有区域的曼宁系数取为 0.03s/m$^{1/3}$。时间步长采用自适应时间步长，总的模拟时间为 2h。图 5.11（b）～（f）为不同时刻的洪水淹没范围，图 5.12 为测点 G1～G5 水深和流速随时间的变化曲线。

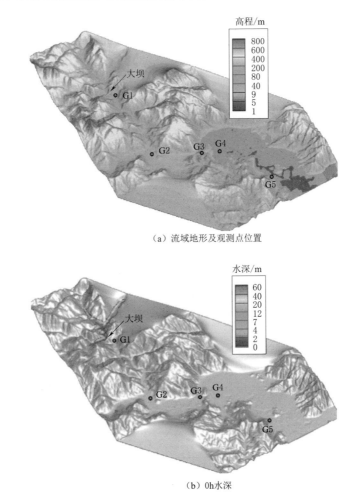

（a）流域地形及观测点位置

（b）0h水深

图 5.11（一） 流域地形高程、大坝和观测点位置以及各个时刻的水深水位分布情况

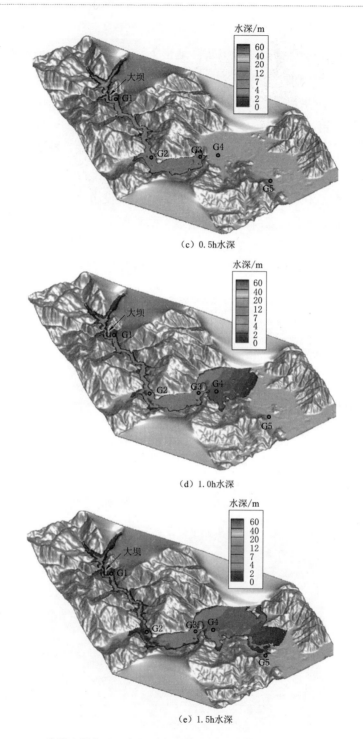

（c）0.5h水深

（d）1.0h水深

（e）1.5h水深

图 5.11（二）　流域地形高程、大坝和观测点位置以及各个时刻的水深水位分布情况

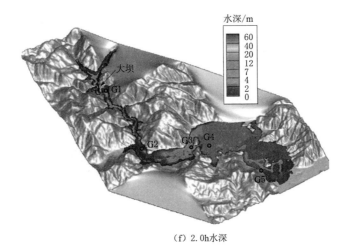

（f）2.0h水深

图 5.11（三） 流域地形高程、大坝和观测点位置以及各个时刻的水深水位分布情况

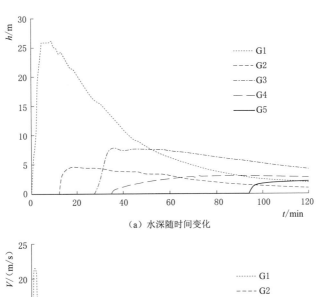

（a）水深随时间变化

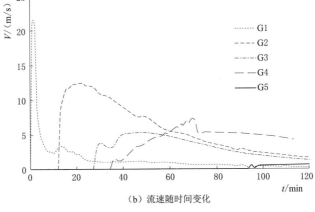

（b）流速随时间变化

图 5.12 测点 G1～G5 水深和流速随时间的变化曲线

　　$t=0\mathrm{s}$ 时，大坝泄洪，水库中水流开始向下游运动。$1\mathrm{min}$ 之内，水流到达 G1 测点，由于测点 G1 和 G2 之间河道狭窄，水流流速较快，大约在 $12\mathrm{min}$ 时，水流到达 G2 测点。随后，地形变得较为平坦，水流流速相对较慢。在测点 G3 和 G4 之间存在一座小山丘，对水流的运动有一定的阻挡作用，使得测点 G3 处水流发生聚集。因此，测点 G3 处的最大淹没水深要比测点 G2 和 G4 大。大约在 $1\mathrm{h}33\mathrm{min}$ 时，水流到达测点 G5。在整个模型计算过程中，未出现负水深单元，从而始终能够保证总体水量的守恒特性而不需要对负水深单元进行处理。因此，该模型具有很强稳定性和鲁棒性。

第 6 章 总 结

本书从如下方面开展工作,从而延长洪水预报预见期和提高洪水预报的精度。

6.1 时空因子驱动下产汇流动态响应机制

揭示了暴雨洪水时空精细化分布规律,实现了基于时程分类的水文过程聚类;在暴雨洪水时程分析基础上,建立了分期洪水预报模型;根据土壤特性空间分布、土壤前期湿度、雨强对蓄满产流模型的影响,提出入渗条件与土壤饱和度和降雨强度之间的定量关系,增强了模型对于多种产流模式的自适应能力。

1. 研究了暴雨洪水时空精细化分布规律

传统聚类分析方法以降雨的时空分布、最大雨强、土壤初始含水量、暴雨中心所在位置作为聚类分析的因子,其在历史洪水预报模拟和验证中可以有效提高精度,但是由于最大雨强、暴雨中心所在位置均具有后验性,在实时洪水预报中不能作为决策参考因子。本书在暴雨洪水成因分析基础上,采用雨季起讫法、分形法和 Fisher 最优法等定量分析的方法,揭示了暴雨洪水时程分布规律。

2. 提出了分期洪水应用方法

根据不同天气系统造成洪水在"峰、量、型"上差异所导致水文模型参数较大差异的现象,提出以时间为主要因子的洪水聚类方法。在此基础上,对传统的梅汛期和台汛期进行了细化分析,提出了梅台过渡期,保证了水库汛限水位的平稳衔接,既方便了管理人员实际操作,又合理利用水资源。同时,依据分期洪水建立的分期洪水预报模型,该模型既能精确模拟不同天气系统造成的暴雨洪水过程问题,又能在实时洪水预报作业中根据时间自动选择相应模型，有利于模型智能化应用。

3. 提出了入渗强度定量关系式

在蓄满产流模型中引入最大入渗强度 $D_m = f(\theta, i)$。其中 θ 为流域的土壤饱和度，i 为降雨量，D_m 与 θ、i 呈负指数关系。解决流域内遭遇短历时、强降雨、前期土壤含水量小的条件下径流量偏小的问题，增强蓄满产流模型对于超渗情况的适应能力。

6.2　智能化洪水预报模型

提出了基于模型参数灵敏度及其条件域的目标函数式，研究了研究水文模型参数识别中识别准则和识别技术对非线性效应的响应机制，有效解决非线性模型全局最优解求解问题；构建基于小波软阈值降噪技术的水文数据预处理方法、基于相空间重构数时延 BP 人工神经网络模型、基于自组织法求解的 Volterra 级数滤波器洪水预报误差实时校正模型，从洪水预报模型输入数据处理、洪水预报模型构建、洪水预报误差实时校正三个阶段开展系统性研究，提高洪水预报模型智能化水平，拓展了洪水预报模型非线性化处理能力（图 6.1）。

1. 建立了基于小波软阈值降噪技术的洪水数据预处理模型

运用小波变换时频局部化分析特点，通过比较选择合适母小波，按照不同频率将原始洪水信息分解成低频项和若干高频项，为各高频项确定不同阈值进行降噪并重构，从而清洗出洪水序列中的噪声。

2. 建立了基于相空间重构数时延 BP 人工神经网络模型

根据混沌理论 Takens 相空间重构方法对前期影响雨量进行重构，并将雨量因子相空间作为时延 BP 人工神经网络模型输入，最终实现降雨洪水非线性模拟及预报。

3. 建立了基于自组织法求解的 Volterra 级数滤波器洪水预报误差实时校正模型

采用自相关函数法选取时间延迟、伪邻近点法选取嵌入维数，重构洪水预报误差相空间。提出 m 阶截断求和的 Volterra 级数滤波器作为误差实时校正的全局预测函数，引入自组织法求解 Volterra 级数滤波器。

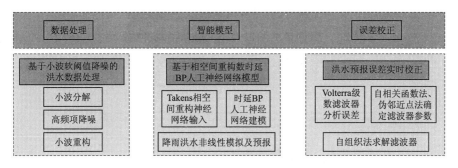

图 6.1　智能化洪水预报模型

6.3　防洪工程优化调度及洪涝灾害实时预警

提出一种结合中心迎风格式和非负水深重构技术的洪水演进模型，以及构建基于系统微分响应的洪水演进模型多源误差增量校正方法；构建了黄金分割法和逐次优化法联合求解的梯级水库群防洪优化调度模型，开发了一套具有防洪形势自动监控、洪水预报快速建模、预报参数智能识别、分析计算与动态展示有机结合等功能的智能洪水预报系统，实现了防洪工程优化调度、洪涝灾害实时预警。

1. 提出结具有守恒特性的洪水演进数学模型

该模型利用非负水深重构技术，保证了模型的守恒特性和计算水深的非负性，使得模型具有较强的鲁棒性。提出了采用中心迎风格式计算单元间的通量，规避了求解复杂且费时的黎曼问题，模型具有更好的计算效率和稳定性。

2. 梯级水库群防洪优化调度模型

在常规调度方式基础上，结合优化调度理论，以防洪控制站超额洪量最小为目标，将水库防洪库容、防洪安全、水库泄洪流量、水量平衡及调度原则作为约束条件，建立水库群联合防洪优化调度模型。提出黄金分割法和逐次优化法联合求解（图 6.2）。

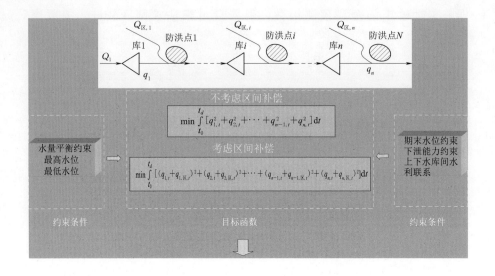

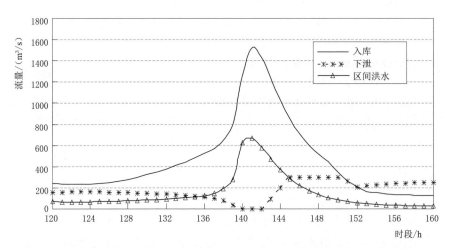

图 6.2　梯级水库防洪优化调度模型

3. 洪水预报调度系统

　　开发了一套具有防洪形势自动监控、洪水预报快速建模、预报参数智能识别、分析计算与动态展示有机结合等功能的智能洪水预报系统，实现了防洪工程优化调度、洪涝灾害实时预警。系统目前在浙江省内金华、台州、丽水、舟山等地开展应用。

参 考 文 献

［1］ 任立良，刘新仁. 数字时代水文模拟技术的变革［J］. 河海大学学报，2000，28 (5)：1-6.

［2］ 李致家，孔祥光. 非线性水文系统的实时预报方法比较研究［J］. 水文，1997 (1)：24-28.

［3］ 夏军. 水文尺度问题［J］. 水利学报，1993 (5)：32-37.

［4］ 张翔，丁晶. 神经智能信息处理系统的研究现状及其在水文水资源中的应用展望［J］. 水科学进展，2000，11 (1)：105-110.

［5］ 钱镜林，李富强，王文双，时延神经网络应用于洪水预报［J］. 水力发电学报，2009，28 (4)：18-21，26.

［6］ 包澄澜，王德瀚，等. 暴雨的分析与预报［M］. 北京：北京农业出版社，1981.

［7］ 史良如，陈继东. 利用水文气象和统计规律对海河流域中南部水库汛期控制运用的研究［J］. 水文，1996，16 (6)：52-56.

［8］ 陈守煜. 水文水资源系统模糊识别理论［M］. 大连：大连理工大学出版社，1992.

［9］ 张尧庭，方开泰. 多元统计分析引论［M］. 北京：科学出版社，1982.

［10］ JURAJ M C, TAHA B M J O, BERNARD B. On the Objective Identification of Flood Seasons ［J］. Water Resources Research，2004，40 (1)：W01520.

［11］ CUNDERLIK J M, OUARDA T B M J, BOBÉE B. Determination of flood seasonality from hydrological records ［J］. Hydrological Science Journal，2004，49 (3)：511-526.

［12］ 侯玉，吴伯贤. 分形理论用于洪水分期的初步探讨［J］. 水科学进展，1999，10 (2)：140-143.

［13］ 水利部长江水利委员会水文局，水利部南京水文水资源研究所. 水利水电工程设计洪水计算手册［M］. 北京：中国水利水电出版社，2001.

［14］ 马寅午，周晓阳，尚金成，等，防洪系统洪水分类预测优化调度方法［J］. 水利学报，1997，4：1-8.

［15］ 黄克明，张国忠. 水文预报的神经网络模式分类预报方法［J］. 武汉大学学报 (工学版)，2003，36 (l)：21-23.

［16］ LEVIANDIER T, LAVABRE J, ARNAUD P. Rainfall contrast enhancing clustering processes and flood analysis ［J］. Journal of Hydrology，2000，240 (1)：

62－79.

[17] Corani G，Guariso G. Coupling fuzzy modeling and neural networks for river flood prediction [J]. IEEE Transactions on Systems Man and Cybernetics Part C (Applications and Reviews)，2005，35（3）：382－390.

[18] 包为民. 洪水预报信息利用问题研究与讨论 [J]. 水文，2006，26（2）：18－22.

[19] Siddhartha V，Momcilo M，Richard A C. Development of error correction techniques for nitrate－N load estimation methods [J]. Journal of Hydrology，2012，432－433（11）：12－25.

[20] SIVAKUMAR B，BERNDTTSON R，OLSSON J，et al. Evidence of chaos in the rainfall－runoff process [J]. Jounnal of Hydrologic Science，2001，46（1）：131－145.

[21] SIVAKUMAR B. Rainfall dynamics at different temporal scales：a chaotic perspective [J]. Hydrology and Earth System Sciences，2001，5（4）：645－651.

[22] ZHOU Y K，MA Z Y，WANG L C. Chaotic dynamics of the flood series in the Huaihe River Basin for the last 500 years [J]. Journal of Hydrology，2002，258（1－4）：100－110.

[23] JOSEPH P，JAYANTHA O，ANDY VANZEE R. Prediction boundaries and forecasting of nonlinear hydrologic stage data [J]. Journal of Hydrology，2005，312（1－4）：79－94.

[24] 钱镜林，李富强，陈斌，等. 基于自组织求解的 Volterra 滤波器应用于洪水预报 [J]. 浙江大学学报（工学版），2005，39（1）：160－164.

[25] TILMANT A，FAOUZI E H，VANCLOOSTER M. Optimal operation of multi Purpose reservoirs using flexible stochastic dynamic Programming [J]. Applied Soft Computing. 2002，2（1）：61－74.

[26] HSU N S，WEI C C. A multi Purpose reservoir real－time operation model for flood control during typhoon invasion [J]. Journal of Hydrology，2007，336（3－4）：282－293.

[27] 刘心愿，郭生练，李响，等. 考虑水文预报误差的三峡水库防洪调度图 [J]. 水科学进展，2011，22（6）：771－781.

[28] 王本德，张力. 综合利用水库洪水模糊优化调度 [J]. 水利学报，1993（1）：35－40.

[29] 王兴菊，赵然杭. 水库多目标优化调度理论及其应用研究 [J]. 水利学报，2003（3）：104－10.

[30] 李玮，郭生练，郭富强，等. 水电站水库群防洪补偿联合调度模型研究及应用 [J]. 水利学报，2007，38（7）：826－831.

[31] 钱镜林，张松达，夏梦河. 逐次优化算法在梯级水库防洪优化调度中的应用

104

[J]. 中国农村水利水电，2014，8：22 - 25.

[32] 大连理工大学，国家防汛抗旱总指挥部办公室. 水库防洪预报调度方法及应用 [M]. 北京：中国水利水电出版社，1996.

[33] JASON T N，DAVID W W J，JAY R L，et al. Linear Programming for Flood Control in the Iowa and Des Moines Rivers [J]. Journal of Water Resources planning and Management，2000，126（3）：115 - 127.

[34] 王本德，周惠成. 水库汛限水位动态控制理论与方法及其应用 [M]. 北京：中国水利水电出版社，2006.

[35] ZHAO TT G，YANG D W，et al. Identifying effective forecast horizon for real - time reservoir operation under a limited inflow forecast [J]. Water Resources Research，2012，48（1）：1540 - 1555.

[36] 钮泽宸，张佩琳，傅联森. 变雨强单位线分析法在浙江地区的应用 [J]. 水文，1983（5）：8 - 15.